댕글댕글~
제주 바닷속에서 만나는 친구들

글과 사진

이상훈

1997년 여름에 스쿠버다이빙을 처음 배운 뒤 2002년 스쿠버다이빙 강사가 되었습니다. 지금까지 전 세계 여러 나라(일본, 필리핀, 사이판, 티니안, 괌, 로타, 축, 얍, 팔라우, 인도네시아, 필리핀, 말레이시아, 태국, 멕시코, 대만, 베트남 등등)를 돌아다니며 다이빙했고, 우리나라의 동해, 서해, 남해, 제주에서 다이빙하다가 2020년 3월에 제주 바다가 좋아 직장을 제주도로 옮기고 매주 스쿠버다이빙을 하면서 지냈습니다. 수중 사진을 본격적으로 시작한 것도 2020년 봄부터였습니다.

그동안 여러 사진 공모전(해군바다사진 공모전 우수상 2회, 해양사진대전 대상·입선·특별상, 바다식목일기념 사진 공모전 대상, 국립공원 사진 공모전 우수상 2회, 동물사랑 사진 공모전 장려상·우수상, 제주국제사진 공모전 입선 등 그외 다수)에서 수상했지만 전문적으로 사진을 배우지는 않았습니다. 그저 바다가 좋고 사진이 좋아서 무작정 바닷속을 들어갔고, 지금까지 약 4,000회의 잠수 경력이 있습니다.

감수

최 윤

전북 군산에서 태어나 전북대학교 생물학과와 같은 대학교 대학원을 졸업했습니다. 군산대학교 해양생물공학과 교수로 재직하였고 한국 어류학회 회장과 수산과학총연합회 회장을 역임하였으며, 현재 군산대학교 해양생물공학과 명예교수로 상어를 비롯한 한반도 연근해 어류의 분류에 관한 연구와 저서 집필을 하고 있습니다. 민물고기와 조수 웅덩이에서 사는 물고기를 보호하는 일에도 관심이 많습니다. 지은 책으로는 《한국의 바닷물고기》, 《선생님들이 직접 만든 이야기물고기도감》, 《열려라! 물고기나라》, 《상어》, 《망둑어》, 《댕글댕글~ 독도에서 만난 바닷물고기》, 《댕글댕글~ 상어, 어떻게 구별할까?》 등이 있습니다.

댕글댕글~ 제주 바닷속에서 만나는 친구들
산호초오: 물고기, 그 밖의 생물들

초판 2쇄 발행일 2025년 10월 30일
초판 1쇄 발행일 2025년 3월 5일

글과 사진 이상훈
감 수 최 윤
펴낸이 이원중

펴낸곳 지성사 **출판등록일** 1993년 12월 9일 **등록번호** 제10-916호
주소 (03458) 서울시 은평구 진흥로 68, 2층
전화 (02) 335-5494 **팩스** (02) 335-5496
홈페이지 www.jisungsa.co.kr **이메일** jisungsa@hanmail.net

ⓒ 이상훈, 2025

ISBN 978-89-7889-560-6 (73470)

잘못된 책은 바꾸어드립니다. 책값은 뒤표지에 있습니다.

⚠ 주의 사항: 책장에 손을 베이지 않게, 책 모서리에 다치지 않게 주의하세요.

댕글댕글~
제주 바닷속에서 만나는 친구들

산호와 물고기, 그 밖의 생물들

글과 사진 이상훈
감수 최 윤

지성사

| 들어가는 글 |

　제주 바다가 좋아 서울에서 제주로 내려가 약 4년 동안 살면서 바닷속 풍경을 이렇게 한 권의 책으로 담았습니다. 더 많은, 더 좋은 바닷속의 모습을 보여 주고 싶었지만, 날씨가 나빠 물속으로 들어가지도 못한 때가 이루 헤아릴 수 없을 만큼 많았습니다. 책에는 각각의 이야기들이 있지만 어찌 보면 그 이야기들은 하나의 이야기입니다.

　산호 속에는 다양한 바다 생물이 깃들여 살고, 크기가 유난히 작은 것도 있고 산호의 색깔과 비슷하게 위장한 것도 있으며, 산호의 폴립을 자세히 들여다보면 촉수가 여섯 개(6의 배수) 또는 여덟 개(8의 배수)가 있고, 이렇게 알록달록한 여러 가지 색깔이 있는 산호만으로도 한 가지가 아닌 여러 가지 이야기와 다양한 사진이 있었습니다.

　수중 사진을 시작하면서 주위 사람에게 우리가 잘 알지 못하는 멋진 바닷속의 풍경을 보여 주고 싶었고, 그렇게 우연한 기회에 지성사와 인연을 맺어 이 책을 펴내게 되었습니다. 지난 1년 동안 책을 쓰기 시작하면서 함께 다이빙해 주신 '김수경' 형님에게 특별히 감사드립니다. 매번 다이빙을 하는 데 도움을 주신 스쿠버킹 '김석호' 대표에게도 감사드립니다. 그리고 글을 쓰고 사진을 정리하는 과정에서 항상 걱정해 주신 어머니께도 고마움을 전하고 싶습니다.

　스킨스쿠버를 통해서만 바닷속을 구경할 수 있고 일반인이 접하기 힘든 바닷속의 모습 가운데 유난히 아름다운 우리나라 제주 바다를 이 책을 통해서 좀 더 많은 사람이 관심을 갖고 더욱더 사랑해 주었으면 합니다. 특히 요즘 들어 기후변화와 해양 오염 문제가 점점 심각해지고 있습니다. 우리가 보는 바다는 아주 일부분입니다. 사진 속의 아름다운 모습도 있지만, 우리가 잘 모르는 추한 모습도 있습니다. 결국은 우리가 스스로 가꾸고 지켜야 하는 문제들입니다.

　끝으로 저는 해양생물학자가 아닙니다. 바다를 좋아하고 바닷속의 풍경을 좋아하는 평범한 다이버입니다. 그래서 바다 생물에 대한 지식이 많지는 않지만, 평범한 스쿠버다이버의 눈으로 바라본 제주 바다의 다양한 바다 생물과 다양한 풍경을 최대한 많이 소개하려고 노력했습니다.

　감사합니다.

| 일러두기 |

스쿠버다이빙과 스노클링으로
우리 함께 제주 바다를 구경해요!

스쿠버다이빙이란?

푸른 바닷속에 들어가려면 먼저 특별한 장비가 필요해요. 우리는 물속에서 숨을 쉴 수 없기 때문에 물속에서 숨을 쉴 수 있게 '호흡기'를 사용하고 '공기통'을 메고 들어가요. 공기통에 공기가 다 떨어지기 전까지 물속에서 멋진 바닷속을 구경할 수 있지요. 이것을 스쿠버다이빙(scuba diving)이라고 해요.

스쿠버(scuba)란 '자체 수중 호흡 장치(Self Contained Underwater Breathing Apparatus)'의 앞머리 글자를 따온 이름이에요.

자, 물속 풍경을 보려면 어떻게 할까요? 그래요, 물안경을 써야 해요. 물안경이 없으면 물속의 풍경들을 선명하게 볼 수 없거든요. 또 물속에서는 걸어 다닐 수 없으니 당연히 헤엄을 쳐야겠지요? 이때 오리발을 신고 헤엄을 치면 속도를 높이거나 방향을 바꾸는 데 한결 수월해요.

1		
2	3	

1 잠수하기 전 공기통의 공기를 점검하고 있는 다이버
2 다이빙을 준비하고 있는 다이버들
3 문섬 옆 새끼섬에서 물에 뛰어드는 다이버

수중 촬영 장비

바닷속을 촬영하려면 먼저 카메라가 있어야 해요. 그리고 그 카메라를 물속으로 가지고 들어가니까 물이 들어가면 안 되겠지요. 물이 안 들어오게 하는 통 속에 카메라를 넣어서 물속으로 갖고 들어가는 것을 하우징(housing)이라고 하지요. 하우징은 플라스틱 제품이나 금속으로 된 제품이 있어요.

그다음 물속에서는 빨주노초파남보(가시광선)의 순서대로 색깔이 없어지기 때문에 색깔을 제대로 볼 수 있게 짧은 시간에 강한 빛을 내는 장치인 '스트로브'를 사용해요. 그리고 카메라 하우징과 스트로브를 쉽게 가지고 다니기 위해 서로 연결해 주는 암(arm)도 있지요. 암은 우리말로 팔이란 뜻으로 마치 팔처럼 연결하기 때문에 붙인 이름이에요. 또 암과 암을 연결해 주는 것을 클램프(clamp)라고 하지요. 그 밖에 무거운 하우징의 부력(기체나 액체 속에서 중력의 반대 방향으로 물체를 밀어올리는 힘)을 높이는 부력암(부력봉)도 사용해요. 수중 촬영 장비는 이렇게 카메라, 하우징, 스트로브, 암, 클램프, 부력암으로 구성되어 있어요.

■ 수중 촬영 장비

스노클링이란?

물안경(마스크)과 오리발을 끼고, 숨대롱(스노클)을 입에 물고 물속에 들어가는 것을 '스노클링(snorkeling)'이라고 해요. 여름에 물이 맑은 얕은 바다에서 스노클링을 즐기는 모습을 많이 보았을 거예요. 특별한 자격이 없어도 간단한 교육을 받고 장비를 갖추면 누구나 바닷속 생물들을 관찰할 수 있어요. 물론 수심(강이나 바다, 호수 따위의 물의 깊이) 5미터 안팎에, 정해진 장소에서만 할 수 있지요.

■ 스노클링 장비를 갖춘 모습

숨대롱은 보통 길이 30센티미터, 지름 1.5~2.3센티미터인 L 또는 J 자 모양의 고무나 플라스틱으로 만든 대롱(튜브)에 물주둥이(마우스피스)가 달려 있어요. 숨대롱은 물속에 코와 입이 잠긴 상태에서 물을 들이마시지 않고 쉽게 공기를 내뱉을 수 있는 장비이지요.

자, 우리 다 같이 아름다운 제주 바닷속을 구경하러 가 볼까요?

■ 스노클링 장비(왼쪽부터 숨대롱(스노클), 물안경, 오리발)

유네스코 인류무형문화유산, 제주 바다의 전설 '해녀'

여러분은 제주도 푸른 바다를 보면 무엇이 가장 먼저 떠오르나요? 아, '해녀'라고요.

해녀는 작은 부표(테왁)에 의지하여 공기통도 없이 잠수복에 오리발과 물안경을 쓰고 바닷속으로 뛰어들어 전복, 문어, 성게 따위의 해산물을 캐내어 생계를 이어가는 여성을 가리키지요. 또 다른 말로는 '잠녀'라고도 해요.

해녀들이 입는 검은색 잠수복은 바닷속을 누빌 때 체온이 떨어지는 것을 막지만, 잠수복을 입으면 몸이 물속으로 가라앉지 않아 무거운 '납' 덩어리를 허리에 둘러야 해요. 이것을 무게를 더한다는 뜻으로 '웨이트벨트(weight belt)'라고 하지요.

해녀들은 보통 1분 정도 숨을 참고 수심 10미터 아래로 내려가 해산물을 캐내는 물질을 하지요. 그러다가 물 위로 떠오르면서 참았던 숨을 한꺼번에 몰아쉴 때 휘파람 같은 "휘이익~" "호오이" 소리를 내요. 이 소리를 '숨비소리'라고 해요. 한 번 물속에 들어갈 때마다 1분 동안 숨을 참으며 물질하고, 하루에 최대 일곱 시간까지 작업하는 해녀들을 보면 정말 대단하다는 생각이 들지 않나요?

유네스코(전 세계의 교육, 과학, 문화 보급과 교류를 위해 설립된 유엔 전문기구)에서는 2016년 제주 해녀 문화를 '인류무형문화유산'으로 지정했어요. 가족을 먹여 살리기 위해 특별한 장비도 없이 바닷속으로 거침없이 뛰어드는 해녀의 모습이 제주도민의 정신을 생생하게 보여주는 상징으로 여겼기 때문이지요.

1	
2	3

1 배를 타고 물질을 나가려는 해녀들(법환항구)
2 모자반 사이에서 물질하는 해녀
3 해녀들은 허리에 납으로 된 벨트를 차고, 1분 동안 숨을 참으며 바닷속에서 해산물을 캐내요.

| 차례 |

들어가는 글 4
일러두기 5

1 제주 바다의 상징, 산호

산호, 식물이 아닌 동물 12
산호의 **폴립** 16
맨드라미를 닮은 **수지맨드라미** 20
바다의 소나무 **해송** 22

2 제주 바다에 깃들여 사는 친구들

한자리에 머물며 사는 **자리돔** 26
〈니모를 찾아서〉의 주인공 **흰동가리** 30
온몸이 파란 **파랑돔** 34
예쁘고 귀여운 **노랑자리돔** 36
춤을 추듯 헤엄치는 **두동가리돔** 38
나비 같은 **세동가리돔** 40
줄무늬가 여섯 줄인 **육동가리돔** 42
줄무늬가 아홉 줄인 **아홉동가리** 44
부성애가 가득한 **줄도화돔** 46
몸에 청색 줄무늬를 두른 **청줄돔** 48

호랑이 줄무늬를 닮은 **범돔** 50
줄무늬가 두 줄인 **두줄베도라치** 52
웃는 듯한 표정이 매력인 **저울베도라치** 54
왕관을 쓴 것 같은 **얼룩비늘베도라치** 56
작고 귀여운 **유리망둑** 58
순하고 겁도 많은 **호박돔** 60
밥주걱 모양 같은 **주걱치** 62
열대 어종인 **황안어** 64
암수 모양이 다른 **금강바리** 66
무리 지은 모습이 장관인 **전갱이** 68
긴 꼬리가 아름다운 **청황문절** 70
바다의 청소부 **청줄청소놀래기** 72
몸에 가시가 있는 **가시복** 74
어릴 때와는 너무 다른 **노랑거북복** 76
보름달 모양의 점이 있는 **달고기** 78
바다의 메기 **쏠종개** 80
무서운 독을 가진 **쏠배감펭** 82
기어다니는 물고기 **씬벵이** 84
떼 지어 쉭쉭 **멸치** 86
어류 아닌 포유류 **남방큰돌고래** 88
물고기의 눈 90
눈 뜨고 잠자는 물고기 94
하품하는 물고기 96
독이 있는 바다 생물들 98
공생과 기생 102
먹이 사냥(약육강식) 104

바다의 아네모네 **말미잘** 106
고개를 끄덕이는 **끄덕새우** 108
유령새우와 **스쿼트 쉬림프** 110
껍데기를 짊어지고 사는 **소라게** 112
수지맨드라미 속에 사는 **개오지붙이** 114
만나기 힘든 **호랑이무늬토끼고둥** 118
해송 속에 사는 **두루마리고둥** 120
나를 찾아보세요, **가시두루마리고둥** 122
깨끗한 바다에 사는 **뿔소라** 124
작고 화려한 **갯민숭달팽이** 126
독이 아주 무서운 **파란고리문어** 130
모성애가 지극한 **문어** 132
바닷속 숲을 이루는 **모자반** 136

3 아름다운 제주 바다

햇살이 바닷속으로 쏟아지는 **빛내림** 140
겨울날의 **서귀포** 바닷속 142
수심에 따른 바닷속 풍경 144
신비한 **수중 동굴** 148
우뚝 솟은 바위 하나 **외돌개** 152
낚시의 천국 **추자도** 156
다각형 기둥 모양의 **주상절리** 158
형제섬의 **수중 아치** 162
돌고래도 만날 수 있는 **무릉아치** 166

호랑이가 엎드린 옆모습을 닮은 **범섬** 168
작은 물고기들의 보금자리 범섬의 **인공어초** 170
물속에 잠겨 보이지 않는 바위 **연세미여** 174
바위가 줄줄이 이어진 **기차바위** 176
비양도의 **난파선** 178
거대한 사발 모양의 분화구 **성산일출봉** 180
섬 속의 섬 **우도** 182
청보리가 유명한 **가파도** 184
섶섬의 수중 세상 186
문섬 옆에 작은 **새끼섬** 188
문섬의 침몰선 190
문섬의 잠수함 194
아름다운 **문섬**의 모습 (1) 196
아름다운 **문섬**의 모습 (2) 200
아름다운 **문섬**의 모습 (3) 202
아름다운 **문섬**의 모습 (4) 204
아름다운 **문섬**의 모습 (5) 206
물속에서 만난 다이버들 208
바닷속의 화려한 색상 210
빛이 있을 때와 없을 때 212
자연광과 인공광 214
접사의 세계 218
바다 쓰레기 222
해송을 죽이는 **담홍말미잘** 224
인공어초의 폐그물 제거 작전 226
바다숲 해중림과 바다식목일 228

찾아보기 232

일러두기

※ 본문에 소개한 생물 가운데 수지맨드라미(→ 수지맨드라미속, 20쪽), 씬벵이(→ 씬벵이과, 84쪽), 개오지붙이(→ 개오지붙이과, 114쪽), 두루마리고둥(→ 두루마리고둥속, 120쪽), 갯민숭달팽이(→ 갯민숭달팽이과, 126쪽) 등은 개체 이름(종명)이 아니라 속명이나 과명임을 밝힙니다.

※ 국립생물자원관의 표기법에 따라 과 이름에서 '사이시옷'을 쓰지 않았습니다.(예: 나비고깃과 → 나비고기과)

1
제주 바다의 상징, 산호

산호, 식물이 아닌 동물

알록달록하게 예쁜 색깔, 생긴 모습이 마치 한 송이 꽃이 핀 것 같아 '바다의 꽃'이라고도 하지만, 산호는 식물이 아닌 동물이에요. 몸의 구조는 아주 간단하게 구멍(입) 하나가 있고, 그 입 주변에 마치 꽃이 핀 듯한 수많은 촉수가 있어요. 이 촉수를 '폴립(polyp, '많은 다리'라는 뜻)'이라고 하지요. 촉수 안에는 작살처럼 생긴 독이 든 자포가 있어요. 먹이 활동을 하거나 스스로를 지킬 때 독이 든 자포를 쏘지요. 그래서 산호는 자포동물에 속해요.

산호는 크게 연산호와 경산호로 나뉘어요. 연산호는 부드러운 산호, 경산호는 딱딱한 산호를 가리키지요. 제주 바다에는 여러 종류의 연산호가 어우러져 멋진 모습을 보여 줘요. 물론 경산호도 있지만 연산호의 개체 수가 훨씬 많아요.

■ 금빛나팔돌산호의 황금색 또는 주황색 촉수들이 아름다워요.
낮에는 촉수를 오므리고 있다가 밤에 활짝 펼쳐 먹잇감을 사냥해요.

1 왼쪽부터 해송, 진총산호, 수지맨드라미
2 나뭇가지 모양을 닮은 둥근컵산호는 갈색 가지에 푸른 빛을 띤 회색, 하늘색, 연한 분홍색 폴립을 펼치면 정말 아름다워요.

위 연산호 군락
아래 가시수지맨드라미

1 수지맨드라미
2 해송
3 민가시산호

산호의 폴립

촉수로 산호를 구분하기도 해요. 촉수가 6개이거나 6의 배수인 것을 '육방산호', 8개이거나 8의 배수인 것을 '팔방산호'라고 하지요.

산호를 자세히 들여다보았더니 꼬물꼬물 움직이고 있네요. 촉수가 마치 꽃의 암술과 수술처럼 생겼어요. 제주도에 있는 연산호들은 모두 육방산호예요. 경산호는 팔방산호에 속하지요. 동남아시아 같은 열대 바다에는 연산호보다 경산호가 많아요. 이것은 그 지역의 수온이나 기후와 관계가 있어요. 산호의 폴립에 작은 생물들도 있네요. 야간 잠수를 하다 보면 새우나 게 같은 작은 생물들이 산호의 폴립 위에 앉아 있는 것을 볼 수 있어요.

■ 확대한 산호의 폴립

1 산호의 폴립이 활짝 폈을 때
2 산호의 폴립이 오므렸을 때

위 수지맨드라미의 폴립
아래 확대한 금빛나팔돌산호의 폴립

■ 확대한 산호의 폴립

맨드라미를 닮은 수지맨드라미

제주 바다에서 가장 멋진 산호는 수지맨드라미예요. 마치 맨드라미처럼 생겨서 붙인 이름이지요. 수지맨드라미는 돌아다니지 않고 한곳에 머물러 살아요. 색깔도 분홍, 노랑, 주황 따위로 여러 가지이지요. 자연이 빚어낸 수지맨드라미는 우리가 상상할 수 없을 만큼 아름답고 다양해요. 수지맨드라미에는 큰수지맨드라미, 밤수지맨드라미, 검붉은수지맨드라미, 자색수지맨드라미, 가시수지맨드라미, 분홍바다맨드라미, 십자긴수지맨드라미 등 여러 종이 있어요.

제주 바다에 살고 있는 수지맨드라미를 비롯한 여러 산호는 바다 생물이 살아가는 데 꼭 필요해요. 산호가 없으면 바다는 죽은 바다가 되고 말거든요. 산호는 이산화탄소를 흡수하고 산소를 만들어 내요. 좀 더 자세히 말하면, 산호의 폴립 안에서 함께 살아가는 '주산텔라'라는 편모조류가 빛을 이용하여 광합성 작용을 하면서 이산화탄소를 흡수하고 산소를 만들어 내는 것이지요. 이처럼 산호는 지구 온난화를 막아주고, 태풍이나 파도를 막아주는 방파제 역할도 해요. 그만큼 모든 산호는 바다에서 중요한 역할을 하고 있지요.

■ 수지맨드라미는 바다 생물이 살아가는 곳이자 바닷물의 온도(수온) 변화를 알 수 있는 매우 중요한 산호예요.

■ 자연이 빚어낸 수지맨드라미는 아름답고 종류가 다양해요.

바다의 소나무 해송

생김새가 소나무를 닮고, 바다에 사는 소나무란 뜻의 해송은 몸 색깔이 녹색, 황색 등 여러 가지이지만 대체로 흰색이 많아요. 비록 나무처럼 생겼지만 산호의 일종인 해송도 동물이지요.

바닷물에 일렁이는 긴 가지 속에 어떤 생물이 살고 있나 살펴보았더니 가지에 위장하고 숨어 있는 고둥이 있네요! 물속에서 곱게 뻗은 해송을 보면 정말 소나무가 생각나요.

참, 해송은 천연기념물로 우리가 보호해야 하는 멸종위기 야생생물 2급이에요. 너무나 귀한 생물이지요.

■ 해송은 몸 색깔이 녹색, 황색 등 여러 가지이지만 대체로 흰색이 많아요.

■ 나무처럼 가지를 치며 가지 끝부분이 뾰족한 것이 소나무를 닮았어요.

23

2

제주 바다에 깃들여 사는 친구들

한자리에 머물며 사는 자리돔

제주도 하면 제일 먼저 떠오르는 물고기는 '자리돔'이에요. 해마다 5월이면 서귀포 보목항에서 '자리돔 축제'가 열리지요. 실제로 자리돔을 보면 크기가 작고 귀엽게 생겼어요. 바닷속에서는 떼 지어 다녀요.

제주도에서는 오래전부터 자리돔을 젓갈로 담거나 물회로 요리를 해 먹었어요. 여름철에 된장으로 간을 맞춘 물회를 먹으면 묵직한 감칠맛이 나지요. 옛날에 고기 잡으러 바다로 나간 뱃사람들이 먹을 것이 없어 자리돔을 잡아 뼈째 썰어서 채소와 양념으로 버무려 먹은 것에서 비롯되었

■ 각 지느러미의 가장자리가 푸른빛을 띠는 연무자리돔 어미가 알을 지키고 있어요.

다지요. 뼈가 연한 자리돔은 씹을수록 고소한 맛이 나요.

문섬 절벽에서 헤엄치는 자리돔 무리를 보고 있으면 마치 하늘에서 빗방울이 떨어지는 것처럼 멋져요. '자리'는 멀리 가지 않고 한자리에서 머물며 생활한다고 해서 붙인 이름이고, 돔은 '가시지느러미', 또는 도미과에 속하는 바닷물고기를 아우르는 '도미'의 줄임말이라고 해요. 실제로 도미과에는 참돔, 감성돔, 청돔, 붉돔 따위가 속하지요.

■ 연산호 주위로 자리돔 무리가 춤을 추듯 헤엄쳐요.

■ 문섬 절벽에서 헤엄치는 자리돔 무리예요.

위 자리돔은 가슴지느러미가 시작되는 곳에 눈동자 크기만 한 검은빛을 띤 청색 둥근 점이 있고, 등지느러미 끝에 흰색 점은 물 밖으로 나오면 사라져요.
아래 해송과 어우러진 모습이 환상적이네요.

〈니모를 찾아서〉의 주인공 흰동가리

흰동가리는 몸의 흰 띠가 마치 몸을 동강 낸 것처럼 보여서 붙인 이름이에요. 동가리란 '동강이'의 사투리로 '부피가 일정한 긴 물건에서 짤막하게 잘린 부분이나 쓰고 남아 짤막하게 된 부분'을 뜻해요. 만화영화 〈니모를 찾아서〉의 주인공 니모가 바로 흰동가리예요.

흰동가리는 말미잘을 집으로 생각하고 그 속에서 살아요. 말미잘의 영어 이름은 '시 아네모네(Sea anemone)'예요. 그래서 흰동가리의 영어 이름이 아네모네피시(Anemonefish)이지요. 말미잘의 촉수가 꽃잎처럼 바닷물에 일렁이는 모습이 아름답네요.

■ 흰동가리는 몸에 세로줄 흰색 띠가 2개 있어요. 하나는 눈 바로 뒤에, 또 하나는 몸 중간쯤에 있지요.

　말미잘은 산호와 마찬가지로 촉수에 독이 있어서 다른 물고기들은 접근할 수 없지만, 흰동가리는 그 안에서 살아가요. 이런 관계를 '공생'이라고 하지요.

　작고 귀여운 물고기이지만 부성애는 다른 물고기보다 더 특별하다고 해요. 몸 색은 빨강, 주황, 노랑, 검은색 등 여러 가지예요. 흰동가리는 1년에서 2년이 지나면 수컷으로 자라요. 그리고 무리에서 덩치 큰 수컷이 암컷으로 바뀌고, 그 암컷을 중심으로 무리 지어 살아가지요. 그 암컷이 죽으면 무리 중에서 덩치 큰 수컷 한 마리가 암컷으로 바뀐대요.

■ 몸은 긴 타원형에 옆으로 납작해요. 아래턱이 위턱보다 튀어나와 있네요.

위 흰동가리가 말미잘 속에 숨어 있어요.
아래 아빠 흰동가리가 알에 산소를 공급해 주고 있어요.

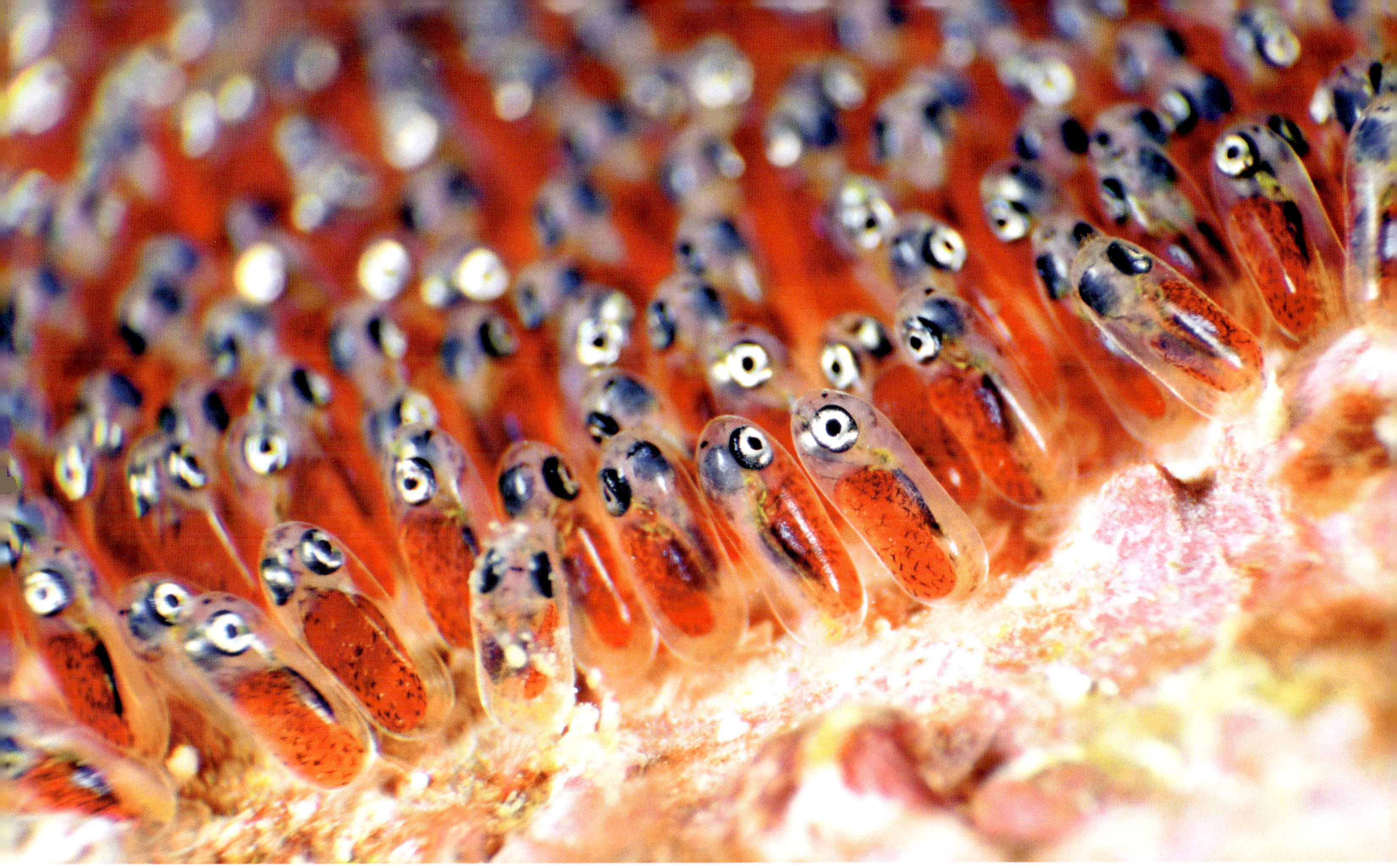

위 곧 알에서 깨어날 흰동가리 알들
아래 이 많은 알 가운데 새끼로 태어날 확률은 무척 낮다고 해요.

온몸이 파란 파랑돔

온몸이 파란색에 꼬리 부분이 노란색을 띤 물고기가 보이네요. 작지만 귀여운 이 친구는 따뜻한 곳에서 사는 열대 어종으로 파랑돔이에요. 몸 색깔이 파란색이라 붙인 이름이지요. 그리 크지 않아 수족관에서 인기가 많아요. 바쁘게 산호 사이를 이리저리, 정신없이 왔다 갔다 하네요.

작고 힘이 없는 파랑돔은 여러 마리가 모여 사는데 그 이유는 혼자 있을 때보다 여러 마리가 함께 있으면 포식자들한테 생명을 지킬 수 있기 때문이에요. 포식자란 다른 동물을 먹이로 하는 동물을 가리켜요. 파랑돔은 겁이 많아서 포식자나 다이버가 다가가면 재빨리 바위틈이나 산호 속으로 숨어 버리지요.

이 친구의 사진을 찍고 싶으면 이 친구가 도망가지 않게 조용히 지켜보고 있어야 해요. 파랑돔이 경계심이 없어져 숨지 않고 자유롭게 헤엄치는 순간에 사진을 찍어야 하지요. 한순간도 가만히 있지 않아 이 친구를 자세히 보고 싶으면 한 곳에서 기다리는 인내심도 필요해요. 무턱대고 다가가면 꼭꼭 숨어서 나오지 않기 때문이에요.

■ 머리 일부를 빼고, 크고 둥근 비늘로 완전히 덮여 있는 모습이 아름다워요.

보통 문섬 수심 10미터 지점에서 많이 살고 있어요. 예전에는 제주도에서만 보였지만, 요즘은 바닷물의 온도가 높아져 난류(따뜻한 해류)를 타고 올라가 울릉도, 독도에서도 발견되어요. 물속에서 파랑돔을 만나 친해질 때까지 기다리면 멋진 파란색 모습을 볼 수 있어요.

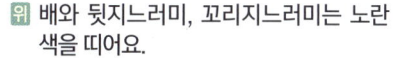 배와 뒷지느러미, 꼬리지느러미는 노란색을 띠어요.
아래 파랑돔이 무리 지어 있어요.

예쁘고 귀여운 노랑자리돔

마치 나비처럼 작은 노란색 물고기들이 여기저기서 헤엄을 치고 있네요. 노랑자리돔이에요. 정말 귀여워요. 해송 사이에 여러 마리가 떼 지어 있는 모습이 마치 꽃밭에서 나비들이 날아다니는 것 같아요.

태어난 지 얼마 안 된 새끼는 크기가 1센티미터, 다 큰 어른 물고기는 크기가 10센티미터예요. 헤엄치는 친구도 있지만 바위틈에 숨어 있는 친구도 보여요. 가까이 다가가니 다른 곳으로 숨어 버리네요. 이 친구들은 바위틈에 숨어서 잠을 자요. 자세히 쳐다보니 주둥이가 조금 나와 있네요.

노란색이 너무 예쁘고 귀여워서 아마 직접 물속에서 보게 된다면 한참을 보고 있어도 지루하지 않을 거예요. 따뜻한 열대 지방과 우리나라 제주도에서 흔하게 보이는 친구예요.

■ 노랑자리돔이 눈을 뜨고 자고 있어요.

제주도에 가면 산호들 사이로 이리저리 헤엄치는 아름다운 이 친구를 꼭 구경해 보세요.

위 몸 색이 선명한 노란색을 띠어 매력적이에요.
아래 작은 무리를 이루어 산호 사이를 헤엄쳐요.

춤을 추듯 헤엄치는 두동가리돔

나비고기과에 속하는 이 친구는 몸이 마름모꼴에 등지느러미의 흰색 가시 줄기가 길게 뻗어 있는 예쁜 물고기예요. 주로 따뜻한 바다에 사는데, 수십 마리가 떼 지어 다니는 모습을 보고 있으면 천국에 있는 나비들 같아요. 우리나라에는 제주도에서 자주 볼 수 있어요. 그러나 외국 바다처럼 수십 마리가 떼 지어 다니는 모습은 보이지 않네요.

수심 20미터 정도에서 잠수함이 다니고 있어요. 해송이 하나 있는 이곳에 두동가리돔 여러 마리가 함께 있네요. 이번에는 문섬 동남쪽을 들어갔어요. 이곳에서도 여러 마리가 함께 있네요. 혼자 있을 때보다 여러 마리가 같이 있으니 더 아름다워 보여요. 꼬리를 나풀거리면서 춤을 추듯이 헤엄쳐요. 그래서 나비고기과에 속하나 봐요. 참, 우리나라에서 볼 수 있는 나비고기과에 속하는 물고기는 두동가리돔을 비롯해 노란색의 나비고기, 세동가리돔이 있어요. 모두 산호가 사는 제주 바다 같은 따뜻한 곳에 사는 친구들이에요.

■ 등지느러미의 흰색 가시 줄기가 길게 뻗어 있는 것이 특징이에요.

■ 마름모꼴의 흰색 몸에 검은색 줄무늬 두 줄이 돋보여요.
가슴지느러미와 꼬리지느러미 그리고 등지느러미는 노란색을 띠지요.

나비 같은 세동가리돔

주둥이가 튀어나온 물고기가 마치 나비처럼 예쁘게 생겼어요. 흰색 바탕에 노란색 줄무늬가 세 줄 있어 붙인 이름이에요. 나비고기과에 속하는 세동가리돔은 우리나라 제주 바다에서 가끔 볼 수 있어요. 예뻐서 수족관에서도 인기가 많은 친구이지요.

섶섬, 문섬, 범섬 등등에서 보이는데 범섬에서 찍은 사진이에요. 해송 뒤로 수많은 물고기가 있고 해송 사이로 세동가리돔 두 마리가 왔다 갔다 해요. 더 가까이에서 찍고 싶었지만 다가가면 금방 도망가네요.

마치 '눈'처럼 보이는 등지느러미 뒤쪽 검은색 점은 다른 물고기들한테 눈이 큰 무서운 물고기로 착각하게 해서 겁을 주어 잡아먹히지 않으려는 거지요.

■ 끝이 뾰족한 작은 입이 귀엽고, 노란색 가로줄 무늬가 마치 몸을 세 부분으로 나눈 것 같아요.

■ 등지느러미 뒤쪽 검은색 동그라미 점이 마치 눈처럼 보여요.

줄무늬가 여섯 줄인 육동가리돔

몸에 가로줄 무늬가 여섯(6) 줄이라 붙인 이름이에요. 주로 여러 마리가 무리 지어 다니며, 몸이 마름모꼴에 주둥이가 툭 튀어나와 있어요. 사람이 다가가면 겁이 많아 금방 도망가 버리네요. 수심 30미터의 깊은 곳에서 만나기도 하고, 때로는 수심 10미터의 낮은 곳에서도 보여요. 이날은 수심 35미터에 있는 난파선을 들어갔는데 두 마리가 함께 있었어요. 가까이 다가가면 재빨리 도망가기 때문에 천천히 조심스럽게 다가가서 사진을 찍었어요. 사진을 몇 장 찍고 나니 금방 다른 곳으로 숨어 버리네요.

■ 물고기의 줄무늬는 머리를 위로 하여 등에서 배 쪽으로 향하면 가로줄 무늬, 주둥이에서 꼬리 쪽으로 이어지면 세로줄 무늬라고 해요. 물고기가 헤엄치는 모습에서 볼 때와는 반대이지요.

　어느 날은 수심 12미터 근처 산호가 울창한 곳에서 몇 마리가 보였어요. 줄지어 헤엄치는 모습이 너무나 멋있어 사진을 찍어 보았어요. 가끔 여러 마리가 줄을 맞춰 헤엄치기도 해요. 가까이에서 보면 익살스러운 모습이지만 그만큼 바닷속에서 매력적인 친구이지요.

　이곳저곳을 옮겨 다니는 모습을 보면 마치 길을 떠나는 나그네 같다는 생각이 드네요. 운이 좋아 이 친구들이 도망가지 않으면 좀 더 가까이에서 귀여운 모습을 볼 수 있어요. 하지만 아주 천천히 조심스럽게 다가가야 가까이에서 볼 수 있지요.

■ 여러 마리가 줄을 맞춰 헤엄치는 모습이 멋지네요.

줄무늬가 아홉 줄인 아홉동가리

줄무늬 아홉 줄이 마치 몸을 아홉으로 나눈 듯하다고 해서 붙인 이름이에요. 맛이 없어 낚시꾼들에게 인기가 없어요. 수심 10미터 바위 위에 세 마리가 모여 있고, 조금 더 깊이 내려가 보니 네 마리가 바위 위에서 휴식하는 듯한 모습으로 있어요. 제가 살짝 다가가니까 슬그머니 도망을 가네요.

눈이 크고 주둥이가 튀어나온 모습이 겁이 많아 보여요. 크기는 약 30~40센티미터로, 다 자란 어른 물고기 같아요. 다른 물고기들처럼 바쁘게 돌아다니지는 않네요. 좀처럼 곁을 내주지 않고, 다가가면 자꾸 도망가요. 멀리서 사진을 찍어야겠어요. 몸 색이 예쁘거나 화려하지는 않지만, 제주 바다에서 흔히 보이는 친구예요.

■ 몸에 아홉 줄무늬와 함께 꼬리지느러미에 흰색 점들이 흩어져 있어 한눈에 알아볼 수 있어요.

■ 움직임이 느리고, 바위 위에 몸을 약간 눕혀 기대고 있는 모습이 여유로워요.

부성애가 가득한 줄도화돔

해마다 여름이 다가오면 몸길이가 10센티미터가량의 작은 줄도화돔 입속에는 알들로 가득해요. 입 크기가 10원짜리 동전의 절반도 안 되지만, 그 작은 입속에서 알들이 태어날 때까지 아빠 줄도화돔이 알을 품고 있어요.

줄도화돔은 몸 색이 복숭아꽃(복숭아 도桃, 꽃 화花)처럼 빛나고, 몸에 줄무늬가 있다고 해서 붙인 이름이지요. 바다 생물들이 살아가는 방식은 각각 다르지만, 이 친구의 부성애는 정말 대단해요. 새끼가 태어날 때까지 먹지도 않고 알들을 입속에 품는 모습을 보니 부모의 사랑이 느껴지네요. 작은 이 친구들이 한편으로 애처로우면서 아름답게 보여요.

■ 줄도화돔은 주둥이 끝에서 눈을 가로지르는 검은색 줄이 특징이에요.

1 아빠 줄도화돔이 알에 물과 산소를 공급하려고 잠시 입을 뻐끔거리네요.
2 몸 색이 화려한 이 친구들은 무리 지어 다니면서 위험을 느끼면 서로서로 알려 주어요.

몸에 청색 줄무늬를 두른 청줄돔

손바닥만 한 물고기가 옆으로 지나가요. 가만히 쳐다보니 몸 색깔이 청색이네요. 몸에 청색 줄무늬가 있어 붙인 이름이에요. 겁이 많아 바위틈에 쏙 숨어서 나오지를 않아요. 이 친구는 자기가 사는 집 근처에서 멀리 돌아다니지를 않지요. 그만큼 무서움을 많이 타는 물고기예요. 몸 색이 예쁘고 멀리 이동하지 않아서 수족관에서도 자주 볼 수 있어요. 아기 때의 청줄돔은 몸 색이 어른과는 달리 눈 뒤에서 배까지 검은색, 등지느러미 끝과 배지느러미, 꼬리지느러미가 노란색을 띠어요. 또 눈과 눈 사이를 지나 주둥이까지 가로줄 무늬가 있지요. 처음에 저도 아기 청줄돔을 보고 전혀 다른 물고기인 줄 알았어요. 자라면서 어른 청줄돔처럼 몸 색이 바뀌어요. 보통 문섬의 수심 10미터 가량에서 살기 때문에 바닷속에 들어가면 자주 만나는 친구예요.

■ 어른 청줄돔은 누런빛을 띤 갈색 몸에 선명한 청색 세로줄 무늬가 7~10줄 있어서 화려해요.

■ 어린 청줄돔은 어미 청줄돔과 많이 달라요. 등지느러미와 뒷지느러미 가장자리 그리고 꼬리지느러미가 노란색이에요.

호랑이 줄무늬를 닮은 범돔

노란색 몸에 검은색 세로줄 무늬가 마치 호랑이의 줄무늬처럼 보여서 붙인 이름이에요. 하지만 호랑이처럼 무서운 친구는 아니에요. 몸은 마름모꼴로 손바닥보다 크기가 작고, 항상 여러 마리가 함께 다녀요. 무리 지어 다니는 모습을 보고 있으면 정말 예쁘다는 생각이 들어요. 빨간 산호 사이로 오가는 범돔은 빨간색과 노란색이 매우 대조적이라 금방 눈에 띄어요.

다이버가 다가가면 뿔뿔이 흩어졌다가 다시 모여 같이 다녀요. 친구들끼리 사이가 좋은가 봐요. 항상 같이 다니는 모습만 보여 주니까요. 적게는 4~5마리부터 많게는 수십 마리가 함께 다니는데 역시 포식자에게 잡아먹히지 않으려고 같이 다니는 것이지요.

■ 노란색 바탕에 검은색 줄무늬가 호랑이의 줄무늬를 닮은 범돔은 주둥이가 짧고 입이 작아 귀여운 친구예요.

문섬의 산호 군락에는 다양한 물고기들이 살고 있지만, 범돔은 그 어떤 물고기보다 예쁘네요. 그래서 저는 범돔을 좋아해요. 하지만 다가가면 금방 흩어지기 때문에 여러 마리가 함께 모여 있는 모습을 사진 찍기가 쉽지 않아요. 조류(밀물과 썰물 때문에 일어나는 바닷물의 흐름)가 강한 날에 조류 반대편으로 이동하는 범돔들의 모습을 기다렸다가 사진을 찍어 봤어요. 이런 날에는 물고기들이 조류를 피하려고 가까이 다가가도 도망가지 않고 모여 있는 모습을 간혹 만날 수 있기 때문이지요.

| 1 |
| 2 |
| 3 |

1, 2, 3 범돔은 포식자들에게 잡아먹히지 않으려고 산호 군락 주변에서 무리 지어 살아가요.

51

줄무늬가 두 줄인 두줄베도라치

죽은 소라의 빈 껍데기 속에 숨어 있는 작은 물고기가 보이네요. 두줄베도라치예요. '베도라치'는 전라남도에서 '뽀드락지'라고 하는데 뽀드락지는 피부에 돋아나는 뾰루지를 가리켜요. 이 친구 주둥이가 뾰족한 것에 빗대었다고 해요. 얼굴을 보고 싶어서 가까이 다가갔는데 소라의 빈 껍데기 속으로 쏙 들어가 숨어 버리네요. 주위가 온통 모래밭이라 숨을 곳이 없어서 이렇게 죽은 소라의 껍데기를 은신처로 삼고 있지요. 간혹 버려진 빈 깡통 속이나 죽은 조개껍데기 속에서도 숨어서 살아요. 조개껍데기 속에서 알을 낳고, 알을 지키는 특성이 있어요.

물고기들이 알을 낳고 지키는 방법은 매우 다양해요. 줄도화돔은 입속에 넣어 알을 지키고, 자리돔은 바위의 벌어진 틈 속에 붙여 낳은 알을 지키고, 또 해마는 수컷이 배 속에서 알을 품기도 하지요. 두줄베도라치는 속이 비어 있는 조개껍데기나 빈 굴 껍데기 속에 암컷이 알들을 붙여 낳으면 수컷이 새끼가 태어날 때까지 알들을 지켜요. 태어난 새끼들은 뿔뿔이 흩어져 자라서 또다시 엄마, 아빠처럼 알들을 낳고 지키겠지요. 우리에게는 하찮게 보이는 물고기일지라도 그들이 살아가는 모습을 보고 있으면 정말 신비로운 세상이에요.

■ 몸 옆으로 검은빛을 띤 갈색 세로띠가 있어요.

위 모랫바닥에 있는 소라 껍데기 속에 두줄베도라치가 있네요.
아래 빈 조개껍데기 속에 암컷이 알을 붙여 낳으면 수컷이 알들을 지켜요.

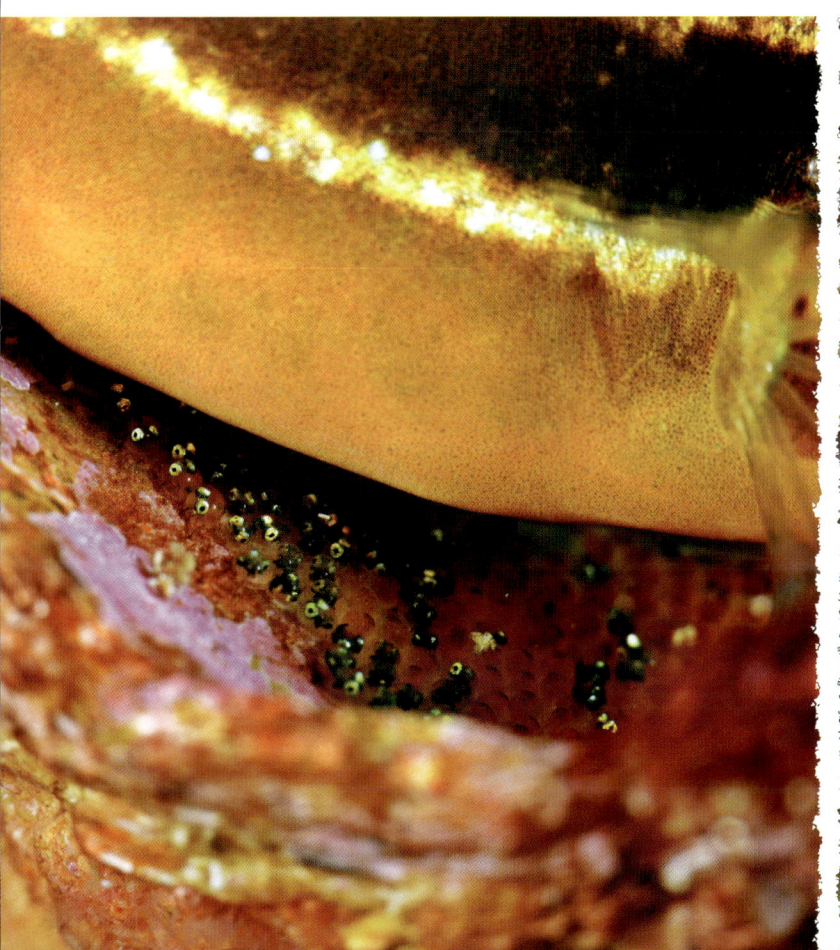

웃는 듯한 표정이 매력인 저울베도라치

문섬 옆 작은 새끼섬에 수심 5미터가량의 암반(불규칙하게 굳어진 큰 바위) 지역에서 작고 조그마한 물고기들이 왔다 갔다 하네요. 바위틈에서 얼굴만 빼꼼 내미는 친구가 있고, 밖으로 나와서 마치 일광욕을 즐기는 듯이 보이는 친구도 있어요. 저울베도라치예요. 이름에서 '저울'은 몸 옆의 가로 띠가 옛날에 쓰던 손저울의 눈금을 닮아 붙였다고도 하지요. 몸길이가 작은 친구는 3~4센티미터, 큰 친구는 8~9센티미터인데 유난히 큰 친구들이 많이 보이네요.

겁이 많아서 다가가면 금방 다른 곳으로 도망가다가 바위틈에 구멍이 보이면 냉큼 숨어 버리지요. 구멍은 몸을 숨길 수 있을 만큼의 크기여야 해요. 너무 작은 구멍에는 들어가지 못하기 때문이지요. 사진을 찍고 싶지만, 수면에 파도가 쳐서 바닷속에서 몸이 이리저리 왔다 갔다 중심을 잡기가 쉽지 않네요. 앞에서 보면 얼굴이 마치 웃는 듯한 표정이에요. 귀여운 모습이네요. 이 친구는 보통 수심 1~10미터에서 살아요. 이날은 수심 3~5미터에 많이 모여 있네요. 낮은 수심에서 살기 때문에 스노클링을 할 줄 알면 만날 수도 있어요.

■ 몸 옆으로 검은빛을 띤 회색 줄이 일곱 줄 있고, 온몸에 깨알 같은 흰색 점들이 퍼져 있어요.

■ 얼굴을 보면 마치 웃는 듯한 표정과 눈 위에 삐쭉 솟은 돌기가 너무 잘 어울려요.

왕관을 쓴 것 같은 얼룩비늘베도라치

수심 8미터의 커다란 바위에 작은 구멍들이 여러 개 있네요. 자세히 살펴보니 그 구멍 속에서 작은 물고기가 얼굴을 계속 밖으로 내밀었다 들어갔다 해요. 그 크기가 너무 작고, 얼핏 보면 바위 색깔과 비슷해서 그냥 지나칠 뻔했어요.

가만히 구경하는데 입을 크게 벌렸다 오므리기를 반복해요. 작은 몸에 비해 입이 상대적으로 커 보이네요. 입을 크게 벌리는 것은 적에게 위협적으로 보이게 하거나 먹이를 먹으려는 행동이에요. 아마 제가 쳐다보니까 위협적으로 보이려는 것이겠지만 너무 작아서 귀엽기만 하네요. 사진을 찍으려고 옆에서 가만히 쳐다보는데도 몸의 절반 이상은 밖으로 나오지 않아요. 꼬리 쪽으로 갈수록 몸이 점점 가느다래요.

■ 눈 위에 돋아난 돌기들이 마치 왕관을 쓴 것 같아요.

물고기의 배경을 멋있게 찍고 싶어서 물고기 뒤의 배경을 알록달록하게 바꾸어 보았어요. 이러한 배경을 '보케'라고 해요. 마치 몽글몽글한 물방울처럼 보이는 부분이지요. 얼룩비늘베도라치의 모습이 더 신비하게 보이네요.

10원짜리 동전을 옆에 두고 사진을 찍어 보았어요. 그 크기가 얼마나 작은지 짐작할 수 있겠지요? 얼룩비늘베도라치는 몸통에 얼룩무늬가 있어서 붙인 이름이에요.

1	3
2	

1 10원짜리 동전보다 더 작아요.
2 겁이 많아 머리만 내밀고 좀처럼 몸의 절반 이상은 밖으로 나오지 않아요.
3 몽글몽글한 물방울처럼 배경을 꾸몄어요.

작고 귀여운 유리망둑

산호 속에 몰래 숨어 있는 유리망둑은 몸 색이 유리처럼 투명해서 붙인 이름이에요. '망둑'은 튀어나온 눈이 마치 망을 보는 듯한 모습에 빗댄 이름이라고 해요. 열대 바다에서 흔하게 보이지만, 우리나라에는 제주도에서만 볼 수 있는 특별한 친구예요. 이 친구의 몸길이는 3센티미터 안팎으로 아주 작지요. 몸 색깔도 산호의 색과 비슷해서 자세히 살펴보지 않으면 못 보고 지나칠 때가 많아요. 이렇게 자신의 몸 색깔을 주변 환경과 비슷하게 꾸미는 것을 '위장'이라 하고, 그것을 '보호색'을 띤다고 말하지요. 유리망둑을 찾는 것이 마치 숨바꼭질하는 것 같아요.

■ 온몸이 유리처럼 투명해서 신비로워요.

■ 산호나 해조류(바닷말) 따위에 기대어 숨어 살면서 먹이 활동도 해요.

59

순하고 겁도 많은 호박돔

몸 색이 화려한 물고기가 옆에서 따라다니네요. 겁도 없이 다이버 옆에서 계속 머뭇거려요. 식성이 좋은 이 친구가 먹을 것을 달라는 표현이지요. 조금 무섭게 생겼지만 엄청 순하고 겁도 많아요. 하지만 먹을 것을 달라고 할 때는 겁도 없이 다이버 옆을 따라다녀요. 성게를 으깨서 먹을 정도로 이빨이 날카롭지만 다이버를 무는 일은 없으니 안심해도 되어요.

이날도 사진을 찍고 있는데 옆에서 서성이더니 제 카메라 앞을 지나가네요. 마치 "나를 찍어 주세요" 하듯이 말이지요. 움직임이 느려서 사진 찍기에 편해요. 또 계속 카메라 앞에서 왔다 갔다 하니까 사진을 여러 번 찍을 수도 있어요. 산호랑 함께 어울려 있는 모습이 아름답네요. 문섬 바닷속에는 이렇게 아름다운 풍경들이 많아요. 몸길이가 40센티미터까지 자라는 호박돔은 우리나라의 제주도 연안(바다와 육지가 맞닿아 서로 밀접한 영향을 미치는 지역이나 해역)에서만 1년 내내 볼 수 있는 친구예요.

■ 큰 머리에 비해 눈은 좀 작은 편이고, 이마가 살짝 튀어나왔어요. 몸 색이 호박색이지요.

■ 가슴지느러미에서 등 쪽으로 초록빛을 띤 검은색 굵은 띠가 돋보여요. 꼬리지느러미에 흩어진 보랏빛 점들이 아름다워요.

밥주걱 모양 같은 주걱치

　마치 밥주걱 모양처럼 생겨서 붙인 이름이에요. 언제나 수십 마리가 무리 지어서 몰려다니지요. 주로 어두운 곳을 좋아해 동굴 안이나 바위틈에 숨어 있어요. 사진을 찍으려고 다가가면 재빨리 도망쳐서 사진 찍기가 정말 어려워요. 무리 지어 있는 이 친구들의 모습이 멋지지만, 사실 포식자에게서 자기 몸을 지키기 위한 하나의 방법이에요. 혼자 있을 때보다 여러 마리가 같이 있으면 더 힘이 세 보이기 때문이지요. 하지만 여러 마리가 같이 있다고 해도 실제로는 힘이 세지 않아요.

　부끄러움을 많이 타고 겁이 많아 다가가기가 쉽지 않아요. 사진 찍을 때는 숨을 꾹 참고 조용히 다가가야 해요. 그래야 이 친구들이 도망가지 않고 무리 지어 있는 모습을 찍을 수 있으니까요. 휴, 사진 한 장 찍고 나니까 너무 숨이 차네요.

■ 주둥이가 짧고 눈이 커다랗네요. 꼬리자루가 날렵해요.

■ 무리 지어 다니는 모습이 아름다워요.

열대 어종인 황안어

문섬 옆에 있는 작은 새끼섬의 수심 15미터를 들어갔어요. 갑자기 수백 마리의 물고기들이 쏜살같이 지나가네요. 무리 지어서 여기저기 정신없이 왔다 갔다 해요. 마치 약속이라도 한 듯이 모두 똑같은 방향으로 헤엄을 치네요. 황안어예요. 눈동자 둘레가 노란빛을 띠고 있어서 붙인 이름이지요. 우리나라에는 제주도에서만 살고 있는데 이렇게 많은 무리의 물고기가 발견된 것은 몇 년이 되지 않아요. 따뜻한 남쪽 바다에서 살아야 하는 물고기들이 난류를 따라 제주도까지 올라와서 생활하네요.

요즘 들어 개체 수가 많이 늘어난 것 같아요. 이런 모습은 인도네시아 같은 따뜻한 바다에서 자주 봤는데, 제주도에서도 볼 수 있어 눈은 즐겁지만 한편으로는 바다의 수온이 너무 올라간 것은 아닌지 걱정되네요.

■ 주걱치와 비슷하게 생긴 이 친구들은 눈의 지름이 주둥이 길이보다 길어요.

■ 황안어는 눈동자 둘레가 노란빛을 띠어요. 빛을 내며 무리 지어 다니는 이 친구들의 모습은 정말 환상적이에요.

암수 모양이 다른 금강바리

암컷과 수컷의 모양이 달라서 구별하기 쉬운 금강바리는 수중 사진을 찍는 사람들에게 인기 있어요. 움직임이 빨라서 사진 찍기가 쉽지 않지만 잘 찍은 금강바리를 보면 정말 예뻐요. '바리'는 제주도에서 아름다운 여성을 뜻하는 '비바리'에서 비롯된 이름으로, 금강바리는 아름다운 물고기를 뜻한다고 할 수 있어요. 빨간 금붕어를 닮은 듯한 것이 암컷이고, 등지느러미의 가시 줄기가 실처럼 긴 것이 수컷이에요. 금강바리는 조류가 강할 때 사진을 찍어야 제대로 나와요. 평소에는 이리저리 정신없이 왔다 갔다 하지만, 조류가 강할 때는 조류를 거슬러 가듯 한쪽으로 헤엄치기 때문에 사진 찍기가 조금 쉬워요. 그러나 조류가 강해서 제 몸을 가누기가 쉽지 않네요.

필리핀 바다에서 흔하게 보이는 이 친구들은 춤을 추듯이 꼬리를 살랑살랑거리며 움직이다가 산호 군락 지대에서 거친 조류에 수십, 수백 마리가 한쪽으로 정렬하는데 그 모습이 무척이나 인상적이에요. 거친 바닷속에서 모두 한쪽 방향으로 줄을 맞춘 모습을 상상해 보세요! 신기하고도 멋진 볼거리가 아닐까요?

■ 등지느러미의 가시 줄기가 실처럼 긴 수컷이에요.

■ 빨간 금붕어를 닮은 암컷(위)이에요. 금강바리는 모두 암컷으로 태어나지만 무리 가운데 덩치 큰 암컷이 수컷으로 바뀌는 성 전환을 하는 물고기예요.

무리 지은 모습이 장관인 전갱이

수많은 물고기가 이리저리 몹시 바쁘게 움직이네요. 전갱이 무리예요. 그 뒤로 방어 한 마리가 전갱이를 쫓아가네요. 방어는 전갱이를 잡아먹으려고 따라가고, 전갱이들은 잡아먹히지 않으려고 도망가요. 몸집이 큰 방어에 비하면 전갱이는 정말 작네요. 우리가 부르는 전갱이라는 이름의 유래에 대해서는 알려지지 않았지만, 일본에서 부르는 이름은 마아지(또는 아지)로 맛이 좋은 것을 칭찬하는 뜻이라고 하지요. 전갱이는 맛이 좋아 회, 구이, 튀김, 초밥으로 요리해서 먹어요. 너무 많은 무리가 한꺼번에 이동하는 모습을 보니 내내 정신없지만, 한편으로는 '장관(크게 구경거리가 될 만한 훌륭하고 장대한 광경)'이라는 표현이 절로 나오네요.

■ 방어가 전갱이 무리를 쫓고 있어요.

■ 눈이 크고, 물의 흐름이나 압력 따위를 느끼는 옆줄에 끝이 날카로운 모비늘이 덮여 있는 것이 특징이에요. 따뜻한 물을 따라 무리 지어 봄과 여름에는 북쪽으로 올라가고, 가을과 겨울에는 남쪽으로 이동해요.

긴 꼬리가 아름다운 청황문절

　항상 암수 두 마리가 같이 있어요. 옅은 파란색의 두 마리 물고기는 누군가 지나가면 금방 바위 틈으로 숨어 버리지요. 몸 색이 푸른색에 노란색 띠가 있고(청황), '망둑'의 전라남도 사투리 '문절'을 붙인 청황문절이라는 물고기예요. 긴 꼬리가 무척 아름답네요. 하지만 너무 겁이 많아서 사진을 찍기가 쉽지는 않아요. 다이버가 내뱉는 공기 방울 소리에도 놀라서 숨어 버리니까요. 조심스럽게 숨을 참고 다가가 보았어요. 이번에는 도망을 안 가네요. 하지만 거리가 너무 멀어서 다시 살며시 조심스럽게 다가갔어요. 참았던 숨을 내뱉었더니 놀라서 또 도망을 가네요.

　이렇게 물고기와 씨름하듯이 다가가면서 사진도 찍고 구경했어요. 보통 수심 20미터 정도에 살고 있어요. 너무 경계가 심해 오랫동안 관찰할 수 없는 친구예요. 저 또한 정해진 잠수 시간에 맞춰서 물 밖으로 나와야 하기 때문이지요.

■ 푸른색 몸에 가느다란 실처럼 갈라진 꼬리지느러미를 하늘거리며 헤엄치는 모습이 정말 아름다워요.

■ 겁이 많아서 사진 찍기가 힘들었던 친구인데, 다행히 아름다운 모습을 사진에 담았어요.

바다의 청소부 청줄청소놀래기

미꾸라지처럼 생긴 길쭉한 물고기가 다른 물고기의 아가미에 얼굴을 묻고 무언가 열심히 하네요. 자세히 보니까 아가미를 청소해 주고 있어요. 청줄청소놀래기예요. 청소놀래기 무리에 속하는 청줄청소놀래기는 어릴 때는 몸에 푸른색 줄이 있지만 자라면서 노란색과 검은색 띠로 바뀌지요. '놀래기'란 이름은 경상남도 사투리로, 놀라면 재빨리 바닥으로 몸을 숨기는 습성에서 따온 이름이라고 하네요.

청줄청소놀래기는 여느 청소놀래기 무리처럼 다른 물고기들의 아가미나 입속에 있는 기생충을 잡아먹으면서 청소해 주어요. 큰 물고기가 시원한지 가만히 있네요. 어떤 물고기들은 일부러 청소놀래기를 찾아가기도 해요. 이번에는 청줄청소놀래기가 자기보다 몸집이 몇 배나 큰 물고기들을 부지런히 찾아다니네요. 가끔 이 친구가 귀찮아서 도망가는 물고기도 있어요. 바닷속에도 이렇게 청소해 주는 친구가 있다는 것이 신기해요.

■ 청줄청소놀래기가 볼락에게 다가가고 있어요.

■ 청줄청소놀래기가 볼락의 아가미에 붙은 기생충을 잡아먹으며 청소해 주고 있네요.

몸에 가시가 있는 가시복

몸에 가시가 있어 붙인 이름이에요. 가만히 있을 때는 가시가 접혀 있지만 화가 나거나 상대방을 위협할 때 그리고 놀랐을 때는 몸이 부풀면서 가시가 고슴도치처럼 곧추서지요. 그래서 이 친구가 몸을 부풀고 가시를 세우면 다른 물고기들이 잡아먹지 못해요. 바닷속을 헤엄치다 보면 간간이 보이는 친구예요. 지느러미가 짧아서 헤엄을 잘 못 치지만 도망갈 때는 무척 빠른 속도로 헤엄치지요.

물고기가 물 밖으로 나왔을 때 복복거리는 소리를 내면서 배를 부풀리는 모습에서 이름 붙인 복어(줄여서 복) 무리는 대부분 독이 있지만 가시복은 독이 없어 먹을 수 있어요. 일본의 오키나와에 갔더니 수산물 시장에서 가시복을 팔고 있었어요.

■ 놀라거나 화가 났을 때 그리고 상대방을 위협할 때 몸을 부풀려요. 하지만 몸을 부풀릴 때마다 엄청 스트레스를 받아요.

우리나라에서는 식용하지 않고 제주도에서만 볼 수 있어요. 생김새가 귀여워 수족관에서 인기가 많아요. 만화 영화 〈니모를 찾아서〉에 등장하기도 했지요.

가시복이 눈에 띄어 사진을 찍으려고 다가갔는데 가시복이 얼른 바위틈에 숨더니 몸을 부풀려서 나오지를 못하네요. 부풀렸던 몸이 다시 원래 상태로 되돌아올 때까지 기다렸어요. 한참을 기다리니까 몸이 원래대로 돌아와 밖으로 나오네요. 저와 눈이 마주치자 다시 도망가면서 몸을 부풀리네요. 몸을 부풀리니까 헤엄을 잘 못쳐요. 가시복은 이렇게 몸을 부풀릴 때마다 스트레스를 받는다고 해요. 그래서 그냥 조용히 구경만 하다가 나왔네요.

■ 가만히 있을 때는 가시가 접혀 있어요.

어릴 때와는 너무 다른 노랑거북복

　실제로 보면 아주 작은 크기에 놀랄 수도 있어요. 산호 속에 숨어 있는 모습에서 그 크기가 짐작되나요? 산호의 폴립과 비교하면 그 크기를 알 수 있겠네요. 사진 속의 이 친구의 몸길이는 약 1~1.5센티미터예요. 정말 작아요. 어떤 생명체든 아기 때는 다 예쁜 것 같네요.

　이 친구는 자라면서 점점 노란색이 없어져요. 게다가 자라면서 귀여운 모습은 사라지고, 약간 건방져 보이기도 해요. 영어 이름은 네모난 모습에 옐로우 박스피시(Yellow boxfish)라고 해요. 지느러미가 짧아서 종종거리며 헤엄치지만, 도망치는 속도가 참 빨라요.

■ 어른으로 자라면 몸 색이 누런빛이나 초록빛을 띤 갈색으로 바뀌고 흰색 점이 생겨요.

이 친구의 독특한 점은 제자리에서 360도를 돌 수 있을 정도로 몸을 잘 움직여요. 우리나라 제주 바다에서 자주 만날 수 있는 친구예요.

이 친구를 사진 찍으려면 인내심이 많이 필요하고, 105밀리미터 렌즈가 찍기 편해요. 가까이 가면 금방 도망쳐서 거리를 두고 찍어야 하기 때문이지요. 카메라 렌즈에는 여러 종류가 있는데 보통 작은 생물을 찍을 때는 60밀리미터와 105밀리미터 접사 렌즈를 사용해요. 이 렌즈들은 물체를 크게, 그리고 가까이 있는 것처럼 찍을 수 있어요. 물고기 사진을 찍을 때는 필수품이지요.

■ 새끼일 때는 몸 색이 노란색에 검은색 점이 흩어져 있어요. 귀엽고 앙증맞은 모습이 사랑스러워요.

보름달 모양의 점이 있는 달고기

몸통에 하얀 테두리로 둘러싼 둥근 점이 있네요. 그 점이 마치 보름달처럼 보여서 달고기라고 이름 붙였어요. 이름이 조금 우습지만 오랫동안 기억에 남네요. 깊은 곳에서 살고 있어 아무 때나 볼 수 없으며, 날씨가 따뜻해지는 봄 3월에서 5월에 가끔 볼 수 있어요.

등지느러미를 곧추세우면 무서워 보이지만, 사진에는 멋진 모습으로 찍히기 때문에 사진 찍기에 좋은 물고기예요. 다행히 느릿느릿 헤엄치고 있어요. 다가가 사진을 찍어 보니 얼굴이 조금 길게 생겼네요. "너 사진 왜 찍니?" 하는 표정을 짓는 것 같아요. 귀찮은지 다른 데로 도망가 버렸어요. 다시 다른 달고기를 찾아 사진을 찍었어요. 이번에는 아까 만난 친구보다 조금 더 큰 친구예요.

■ 달고기는 뭐니 뭐니 해도 몸 옆면에 흰색 테를 두른 보름달 모양의 검은색 점무늬가 특징이에요.

■ 타원 모양의 몸이 납작하고, 등지느러미의 가시 줄기들이 쭉쭉 뻗어 있어 멋스럽게 보여요. 아래 개체는 처음 만난 친구보다 좀 더 크네요.

바다의 메기 쏠종개

마치 민물에 사는 메기처럼 생긴 물고기들이 수십 마리가 모여서 다니네요. 순식간에 뿔뿔이 흩어졌다가 금방 다시 모여요. 영어로 캣 피시(Cat fish)라고 하는데 고양이 수염처럼 입가에 수염이 있어서 붙인 이름이지요. 쏠종개는 등지느러미와 가슴지느러미에 각각 하나씩 있는 가시로 쏜다는 뜻에서 이름에 '쏠'을 붙였어요. '종개'는 주둥이로 돌이나 자갈 사이를 쪼아대면서 먹이를 찾는 모습에 빗대어 붙인 이름이지요. 가시에 독이 있어 조심해서 다루고, 절대로 건드리지 않는 것이 좋아요. 밤에 활동하는 야행성이지만 낮에도 가끔 쏠종개를 만나기도 해요. 문섬 15미터의 바위틈에 수십 마리가 모여 있네요. 이리저리 한 방향으로만 다 같이 움직여요. 모랫바닥에서 입가에 있는 수염으로 열심히 먹이를 찾고 있어요.

■ 위턱과 아래턱에 각각 수염이 4쌍 있어요. 이 수염으로 모랫바닥에 숨어 있는 먹잇감을 찾지요.

■ 등지느러미와 가슴지느러미에 각각 하나씩 있는 가시에 독이 있어 매우 조심해야 해요. 어른 쏠종개는 독립적으로 생활하지만 독가시가 발달하지 않은 어린 쏠종개들이 무리 지어 이동해요.

무서운 독을 가진 쏠배감펭

영어 이름은 라이언 피시(Lion fish)예요. 지느러미를 펼친 모습이 사자 갈기를 닮아 붙인 이름이지요. 우리말로는 '쏠배감펭'이라고 해요. 이름이 참 어렵지요? 이름은 가시로 쏜다(쏠배), 몹시 거칠고 사납다는 뜻의 감풀다(감펭)에서 비롯되었다고 해요. 이 친구에게 한번 쏘이면 엄청 아파요. 주로 동남아시아 같은 따뜻한 바다에 사는 물고기로, 이제는 제주 바다에서 흔하게 볼 수 있어요.

제가 처음 스쿠버다이빙을 배우던 1997년, 쏠배감펭은 책으로만 보고 실제로 볼 일이 있을까 했던, 신기하고 화려한 친구로 생각했지요. 그 뒤로 동남아시아의 여러 바다나 제주도에서 다이빙을 하면서 만난 쏠배감펭은 더 이상 신기한 물고기가 아닌 사진 찍기에 좋은 물고기가 되었네요. 원래 이 친구는 다이버를 경계하고 다가오지 않지만, 어쩌다 가끔 강아지처럼 따라다니기도 해요. 하지만 등지느러미 가시에 무서운 독이 있어 절대 손으로 만지면 안 돼요. 한번 쏘이면 정말로 많이 아프니까 꼭 조심해야 해요.

■ 위협을 느끼면 독이 있는 등지느러미 가시 줄기들을 곧추세워 스스로를 보호해요.

1 아래턱에 나뭇잎 모양의 돌기가 있어요.
2, 3 가슴지느러미를 활짝 펼친 모습이 사자 갈기 같지만, 얼핏 공작새 날개깃 같기도 해요.

기어다니는 물고기 씬벵이

영어 이름은 프로그 피시(Frog fish)예요. 프로그(frog)는 개구리라는 뜻인데 개구리처럼 엉금엉금 기어다닌다고 해서 붙인 이름이지요. 우리말로는 씬벵이라고 해요. 가슴지느러미와 배지느러미로 기어다니는 모습이 마치 신발을 신고 기어다니는 것처럼 보여서 붙인 이름이라고 하네요. 따뜻한 바다에서 자주 만나지만, 우리나라에는 제주도에서만 볼 수 있는 귀한 친구예요. 우리나라에는 노랑씬벵이, 빨간씬벵이, 줄씬벵이, 쑥씬벵이 등 여러 종이 있지요.

씬벵이는 몸 색이 마치 바위 색깔과 비슷해서 자세히 관찰해야지만 볼 수 있어요. 얼핏 보면 물고기인지 돌멩이인지 구별하지 못하거든요. 이때다 싶어 씬벵이는 그 앞을 지나다니는 물고기를 입을 쩍 벌리고 냉큼 잡아먹기도 하지요. 몸 색뿐만 아니라 피부와 몸 형태까지 주변 환경에 맞게 바꿀 수 있어요. 생긴 모습이 험상궂어 사진 찍기에 인기가 많은 친구예요. 지느러미로 헤엄치기보다는 짧은 가슴지느러미와 배지느러미로 바닥을 느릿느릿 기어다니기 때문에 사진 찍기에도 좋아요. 때로는 멋진 자세를 취해 주면 좋겠지만, 그런 모습을 만나기는 쉽지 않네요.

■ 씬벵이 무리는 가슴지느러미와 배지느러미가 짧아서 바닥을 기어다니기에 좋아요.

자세히 보면 주둥이 위에 돌기가 삐죽 튀어나와 있어요. 씬벵이는 이 기다란 돌기를 낚싯대 끝에 달린 미끼처럼 흔들다가 작은 물고기들이 가까이 다가오면 입을 쩍 벌리고 잡아먹지요. 헤엄을 잘 치지 못하고 기어 다니기 때문에 낚시를 해서 물고기를 잡아먹는, 참 신기한 친구네요.

■ 위의 사진에서 동그라미 친 부분이 작은 물고기를 유인(낚시)하는 돌기예요. 움직임이 둔해 숨죽여 있다가 먹잇감을 사냥하는 이 친구는 몸 색을 다양하게 바꿔서 위장할 수 있지요.

85

떼 지어 쉭쉭 멸치

은색으로 반짝반짝 빛나는 물고기 수백 마리가 여기저기 쉭쉭 쏜살같이 지나다니네요. 너무 빨라서 어떻게 생겼는지 모르겠어요. 계속 쳐다보면서 사진을 찍었지요. 사진을 찍고 보니 멸치 떼라는 것을 알았어요. 한곳에 가만히 있지 않고 모두 순식간에 움직이네요. 멸치는 잡아 올리면 성질이 급해 바로 죽는다고 해서 '죽다'를 뜻하는 '멸'과 물고기를 뜻하는 '치' 자를 붙인 이름이에요.

저는 느긋하게 구경하는데 멸치들은 쉬지 않고 한꺼번에 움직이는 모습이 정말 바빠 보여요. 무언가에 쫓기듯이 도망가는 것 같아요. 멸치 떼가 지나가고 그 뒤를 큰 물고기가 쫓고 있어요. 아하, 멸치들이 큰 물고기를 피해서 도망가고 있었군요. 얼마나 많은 멸치가 떼를 지었는지 머리 위로 지나가는 순간 하늘이 살짝 어두워지네요. 멸치들의 역동적인 모습이 멋있기도 하지만 한편으론 바쁘게 살아가는 우리의 모습처럼 안쓰러운 마음도 들었어요.

■ 멸치는 수많은 천적으로부터 스스로를 지키기 위해 무리 지어 같은 방향으로 헤엄쳐요.

■ 같은 방향으로 움직이는 은빛 멸치 떼가 마치 바닷속에서 솟아오르는 물방울 같아요.
성질이 급해 바로 죽는 것에 빗대어 멸치라고 해요.

출처: 셔터스톡

어류 아닌 포유류 남방큰돌고래

　제주 바다에 살고 있는 남방큰돌고래는 무리 지어 다녀요. 가끔 물속에서 만나면 서로 깜짝 놀라지만, 남방큰돌고래가 무척 빠른 속도로 지나가서 아주 잠깐 볼 수 있어요. 물질하는 해녀들도 가끔 만난다고 하네요. 우리가 보호해야 할 남방큰돌고래는 물고기(어류)가 아닌 포유류(젖먹이동물)예요. 포유류는 새끼를 낳고 젖을 먹여 키우지요. 숨을 쉬려고 머리를 물 밖으로 내밀기도 하고요. 돌고래 중에 큰 편에 속하고, 인도양과 남태평양 바다에 살아서 붙인 이름이지요.

　요즘은 개체 수가 많이 줄어들었다고 하는데, 옛날에는 더 많은 무리가 있었을 거예요. 이 친구들을 만났던 순간을 잊을 수 없네요. 수십 마리의 남방큰돌고래 무리 가운데 어미가 새끼를 데리고 가는 모습이 기억에 생생해요. 자연의 신비로움과 아름다움은 우리가 지키고 가꿀 때 더 빛이 나는 것 같아요.

　제주 바다에 가면 돌고래를 꼭 찾아보세요. 서귀포시의 모슬포 바닷가에서 자주 관찰이 되어요. 무리 지어 다니는 돌고래를 만나면 안부도 전해 주세요. 아프지 말고 오랫동안 건강히 살아 달라고요.

■ 새끼는 1.5년에서 2년 사이에 젖을 떼지만, 5년까지 어미와 함께 다녀요.

■ 남방큰돌고래 가운데 제주도에 살고 있는 제주남방큰돌고래는 우리 모두가 보호해야 할 소중한 친구예요.

물고기의 눈

사람에게 두 눈이 있듯이 물고기에도 눈이 두 개 있어요. 가까이 다가가서 눈을 찍었어요. 물고기는 눈꺼풀이 없어 눈을 감지 못해요. 사진을 찍고 나서 크게 확대해서 보니 스트로브(짧은 시간에 강한 빛을 내는 장치) 불빛이 물고기 눈에 반사가 되어서 빛나네요. 사람의 눈동자는 검은색, 파란색, 갈색이지만 물고기들은 전부 검은색이에요.

우연히 만난 물고기 한 마리는 한쪽 눈동자가 없네요. 상처를 입은 것 같아요. 환경오염 때문인지, 아니면 다쳐서 눈동자가 없는지 그 이유는 모르겠지만, 무언가를 두 눈으로 똑바로 볼 수 있다는 것은 큰 행복이에요. 만약 사고로 눈의 시력을 잃어버린다면, 아니면 다쳐서 사물을 제대로 못 본다면 비로소 눈의 소중함을 알 수 있겠지요.

■ 청줄돔의 눈(왼쪽)과 호박돔의 눈(오른쪽)

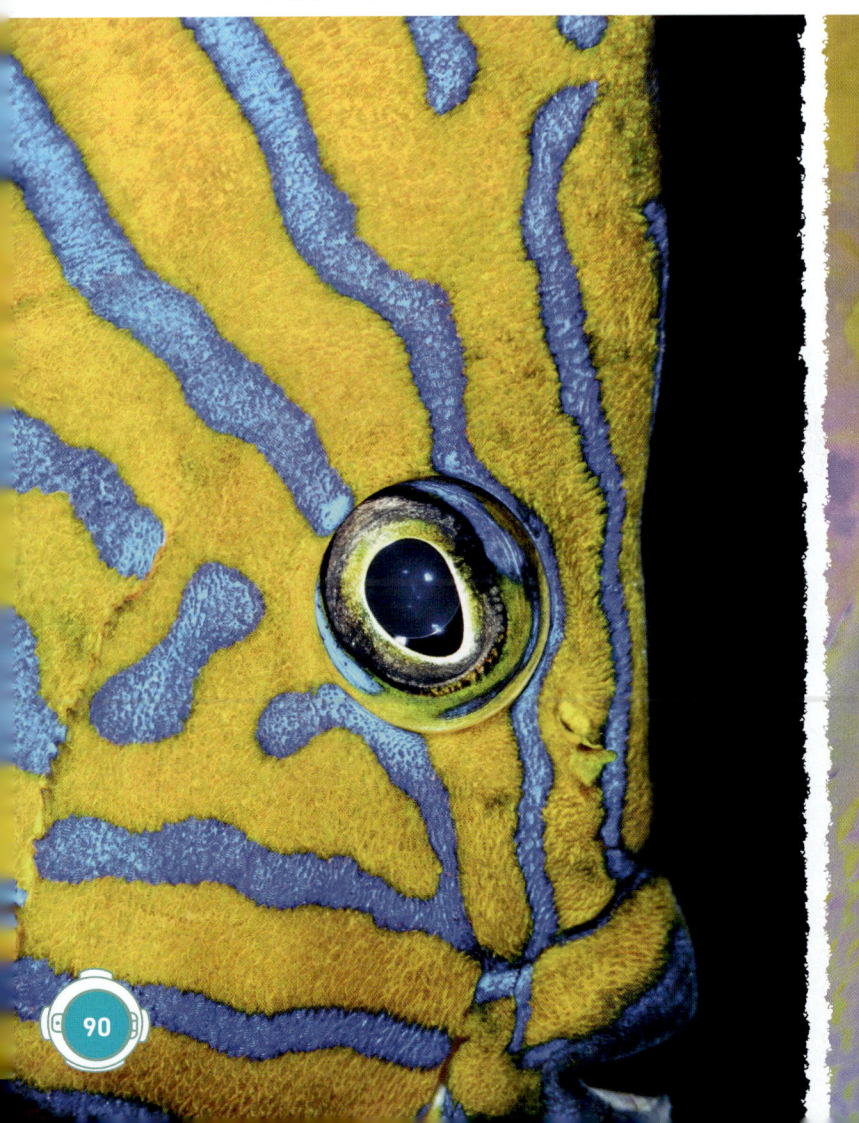
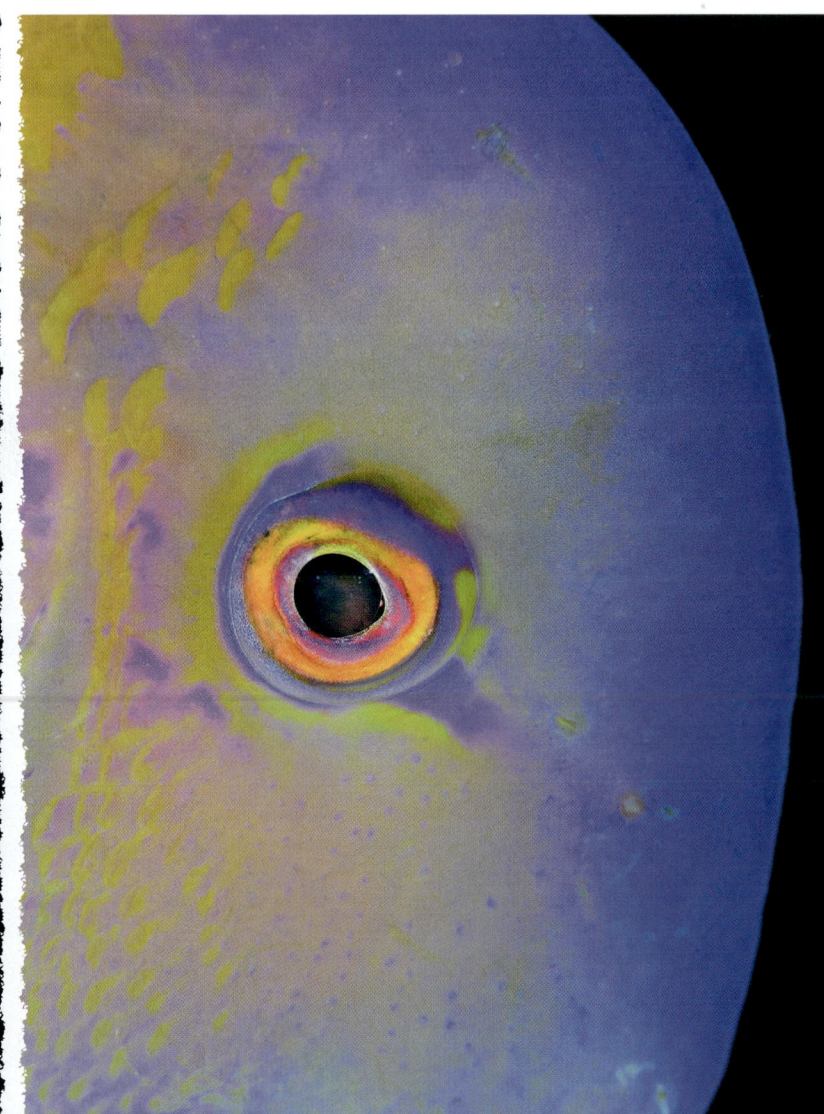

 물고기의 눈은 양 옆에 있는데 어떻게 앞을 볼 수 있을까요?
물고기의 눈은 대체로 튀어나와 있기 때문에 앞을 볼 수 있어요. 게다가 눈동자를 굴리면 사방을 볼 수 있어 사람보다 시야가 넓지요.

1 가시복의 눈
2 거북복의 눈
3 광어의 눈

1 쏨뱅이의 눈
2 육동가리의 눈
3 한쪽 눈을 다친 점동갈돔

 어류가 아닌 연체동물인 문어는 눈동자가 길쭉해요. 그래도 눈동자를 굴릴 수 있고 사물을 쉽게 파악해요. 다만 2~3미터 너머의 사물은 잘 구별하지 못하지요. 고둥도 연체동물이며, 안테나처럼 튀어나온 눈이 한 쌍 있어요.

1 씬벵이의 눈
2 고둥의 눈
3 문어의 눈

눈 뜨고 잠자는 물고기

　모든 물고기는 눈꺼풀이 없어 잠을 잘 때도 눈을 뜨고 자요. 해가 지고 난 뒤에 바닷속에 들어가니 낮에는 많았던 물고기들이 보이지 않네요. 그 많은 물고기가 모두 잠을 자러 갔어요. 산호 속에서, 바위틈에서, 해조류 속에서 눈을 뜬 채로 잠자고 있는 물고기들이 보여요. 물고기들도 낮 동안 정신없이 움직이느라 많이 피곤했나 보네요. 살짝 건드려도 너무 깊이 잠들었는지 움직이지 않아요.

　물고기는 이렇게 밤이 되면 움직이지 않기 때문에 사진을 잘 찍을 수 있어요. 참, 잠을 안 자고 밤에만 돌아다니는 친구들도 있어요. 이런 친구들을 '야행성'이라고 해요. 대표적인 친구가 문어예요. 쏠종개 그리고 은빛 나는 갈치도 있고, 새우와 소라게도 있어요. 다들 잠자고 있는 한밤중에 먹이를 찾아 부지런히 돌아다니네요.

■ 머리를 숙이고 자는 쥐치(왼쪽)와 산호 틈에서 자고 있는 쏨뱅이(오른쪽)

1 산호 속에서 자고 있는 두줄베도라치
2 산호 속에 숨어서 자고 있는 무늬가시돔
3 수지맨드라미 속에서 자고 있는 노랑가시돔(황붉돔)
4 해조류 사이에 숨어서 자고 있는 어렝놀래기

하품하는 물고기

 물고기가 갑자기 입을 크게 벌리네요. 물고기가 입을 쩍 벌리고 하품하는 것에는 여러 가지 이유가 있어요. 소화가 안 돼 트림하기 위해서, 입속에 있는 알들에게 산소를 공급해 주기 위해서, 또 상대방한테 겁을 주려고 위협적인 행동을 하거나 먹이를 먹으려고 입을 벌리기도 하지요.
 때로는 입을 벌리는 모습이 신기해서 입을 벌릴 때까지 기다렸다 사진을 찍기도 해요. 하지만 아무리 기다려도 입을 벌리지 않으면 할 수 없이 다이빙을 마치고 올라와야 하지요. 사진 찍을 준비도 전혀 하지 않은 상태에서 물고기가 갑자기 입을 벌려 번번이 놓친 순간도 있어요. 그러면 무척 아쉬워요. 하품하는 물고기들에게 물어보고 싶네요. "왜 그렇게 입을 벌리니?" 하고 말이에요.

■ 하품하는 베도라치

	3
1	
2	4

1 하품하는 흰동가리돔
2 하품하는 노랑자리돔
3, 4 하품하는 쏠배감펭

독이 있는 바다 생물들

　잠수하다 왼쪽 엄지손가락이 갑자기 따가워요. 무언가에 쏘인 것 같네요. 살짝 감각이 무디어지는 것 같더니 이내 통증이 심해져요. 밖으로 나와서 보니까 손가락이 부어 있어요. 무엇에 쏘였는지는 모르겠지만, 손으로 바닥을 짚을 때 무언가 저의 손가락을 물었나 봐요.

　바다 생물 중에는 독이 있는 것들이 많아요. 해파리, 쏠배감펭, 말미잘, 쏠종개, 히드라, 불산호, 바다뱀 따위가 대표적이지요. 그중에서 미역치, 쑤기미 같은 물고기한테 쏘이면 정말 아프고, 쏘인 부위가 심하게 부어올라요. 특히 이런 물고기들은 바닥에서 모래나 바위와 같은 색을 띠고 있어 무심결에 만지면 정말 위험해요. 만약 물속에서 독이 있는 바다 생물에 쏘이면 응급처치로 상처 부위를 뜨거운 물에 담그거나 상처 부위를 소독하는 것이 좋아요. 무엇보다도 빨리 병원에 가서 치료를 받아야 해요.

■ 촉수에 독이 있는 노무라입깃해파리가 지구 온난화로 바닷물 온도가 올라가면서 눈에 띄게 늘어나고 있어요.

	3	
1	4	
2	5	

1 등지느러미 가시에 독이 있는 점감펭
2 독주머니가 달린 가시가 있는 성게
3 등지느러미 가시에 독이 있는 쑤기미
4 촉수에 독이 있는 말미잘
5 등지느러미 가시에 독이 있는 쏨뱅이

위 등지느러미 가시와 가슴지느러미 가시에 독이 있는 쏠종개
아래 왼쪽 등지느러미 가시 줄기에 독이 있는 쏠배감펭
아래 오른쪽 지느러미 가시에 독이 있는 쑥감펭

🟢 **위** 몸통은 대롱 모양이며 몸통 윗부분에 여러 개의 촉수가 달려 있는 히드라는 물속 식물의 줄기 따위에 붙어서 살지요. 촉수에 독이 있어요.

🟢 **아래** 지구 온난화로 바닷물의 온도가 높아지면서 우리나라 제주도에서 발견되는 파란고리문어예요. 이 친구에게 물리거나 먹물에 쏘이면 몸이 마비가 되거나 호흡 곤란 따위로 매우 위험해져요.

공생과 기생

　두 생물이 서로 돕고 사는 관계를 '공생'이라고 해요. 이와 반대로 한쪽만 일방적으로 도움을 받고 다른 한쪽은 피해를 보는 관계는 '기생'이라고 하지요. 제주 바다에는 말미잘과 흰동가리가 공생 관계로 살고 있어요. 말미잘의 촉수에 독이 있어 다른 물고기는 접근을 못 하지만 흰동가리는 말미잘의 독에 적응이 되어 말미잘 안에 숨어서 같이 살아가면서 포식자를 유인해 줘요. 또한 말미잘은 흰동가리가 먹고 남은 음식 찌꺼기를 먹기도 하고, 흰동가리는 말미잘 안에 떨어진 음식물을 먹으며 청소도 해 줘요. 둘은 매우 훌륭한 공생 관계예요.

　말미잘과 소라게도 공생 관계예요. 말미잘은 한곳에서만 먹이를 기다릴 수밖에 없는데 소라게가 말미잘을 데리고 움직이지요. 소라게에게 천적이 다가오면 말미잘이 독을 뿜어서 소라게를 지켜 줘요. 해송에 붙어서 사는 담홍말미잘은 해송과 기생 관계예요. 담홍말미잘이 해송을 말라 죽이고 혼자만 살려고 하니까요. 남에게 피해를 주는 사람을 기생충 같다고 하는데 결코 좋은 뜻은 아니겠지요.

■ 말미잘과 유령새우의 공생

	2
1	3
	4

1 산호에 달라붙어 죽게 하는 담홍말미잘
2, 3 말미잘과 공생하는 유령새우와 흰동가리
4 소라게가 살고 있는 소라 껍데기에 붙어서 이동하는 말미잘

먹이 사냥(약육강식)

강한 물고기가 자기보다 힘이 약한 물고기를 잡아먹는 것을 '약육강식'이라고 해요. 힘이 약한 동물이 힘이 센 동물에게 잡아먹히는 것은 자연의 법칙이에요.

쏨뱅이의 입안에 다른 물고기의 꼬리지느러미가 보이네요. 쏨뱅이는 자기보다 힘이 약한 물고기를 사냥해서 잡아먹지요.

어느 날에는 문어가 놀래미한테 공격당하는 모습을 보기도 했어요. 어미 문어가 알들을 돌보느라 지쳐 힘이 없어서 공격당한 것 같아요.

■ 쏨뱅이가 작은 물고기를 잡아먹고 있어요.

약육강식의 세상에서 힘이 없는 작은 생물들은 잡아먹히지 않으려고 주변과 비슷하게 위장해요. 수지맨드라미 속에 살고 있는 개오지붙이나 유리망둑 같은 작은 바다 생물은 산호의 색깔과 비슷하게 위장하여 살고 있어서 자세히 살펴보지 않으면 눈에 띄지 않지요.

이번에는 어렝놀래기가 갯민숭달팽이를 잡아먹고 있어요. 갯민숭달팽이가 크니까 한입에 다 넣지를 못하네요. 사진을 몇 장 찍는데 어렝놀래기가 먹이를 빼앗기는 줄 알고 멀리 도망쳐요.

■ 갯민숭달팽이를 잡아먹는 어렝놀래기예요.

바다의 아네모네 말미잘

산호와 함께 자포동물에 속하는 말미잘은 전 세계적으로 1,000여 종이 있어요. 참으로 다양하지요? 말미잘은 촉수에 독이 있어 함부로 만지면 안 돼요. 촉수에 손이 쏘이면 따갑고 아프기도 해요. 하지만 말미잘 속에서 살아가는 물고기나 새우들도 있어요. 이런 물고기나 새우는 말미잘의 독에 면역이 되어 있어서 괜찮아요.

제주 바다보다 차가운 동해 바다에 사는 말미잘은 '바오밥나무'처럼 생겼고, 수온이 올라가면 마치 찐빵처럼 몸이 찌그러지고 스스로 이동도 해요. 그러나 제주도에 사는 말미잘들은 전혀 생김새가 다르고 바닥에 붙어서 살아가요. 이렇게 바닥에 붙어서 살아가는 것을 '고착'이라고 하지요. 소라게의 껍데기에 붙어 살면서 함께 이동하며 평생을 같이 살아가는 말미잘도 있어요.

■ 말미잘 무리는 대부분 바위나 바닥에 붙어서 살아가요.

바닥에 말미잘이 널려 있는데 크기가 작은 샛별돔이 말미잘 속에서 부지런히 움직이고 있네요. 문섬의 수심 18미터를 들어가니 흰동가리 한 쌍이 말미잘 속에서 살고 있어요. 다이버가 다가가서 말미잘을 건드리니까 촉수를 강장(소화와 배설을 하는 몸속의 빈 곳) 속으로 쑥 거두어들여 몸통만 보여요. 갑자기 말미잘이 촉수를 거두어들이자 당황한 흰동가리 한 쌍이 숨을 곳을 찾느라 바빠져요.

바닷물고기(해수어)를 키우는 사람들 가운데 어항에서 말미잘을 키우기도 해요. 흰동가리나 유령새우와 함께 살아가는 말미잘은 어항 속에서도 아름다워요. 말미잘은 입과 항문이 하나로 되어 있어요. 바닷속에는 말미잘 같은 신기한 생물들이 참 많이 있네요.

1 말미잘 속에 살고 있는 샛별돔이 보여요.(동그라미 친 부분)
2 검은색 몸에 흰색 점무늬가 뚜렷한 샛별돔
3 말미잘 속에서 살고 있는 흰동가리 한 쌍이에요.

고개를 끄덕이는 끄덕새우

작은 새우가 고개를 끄덕이고 있어요. 고개를 계속 끄덕인다고 해서 붙인 이름이지요. 주로 남해안이나 제주도 연안에서 살아요. 가까이 다가가니까 수줍은지 아니면 무서움을 느꼈는지 쏙 숨어 버리네요. 바위틈이나 어두운 곳을 살펴보면 자주 보여요. 가만히 들여다보고 있으면 고개를 끄덕이는 모습이 마치 음악에 맞춰 춤을 추는 듯해요. 정면으로 사진을 찍고 싶지만 계속 옆모습만 보여 주네요. 말을 알아듣는다면 "여기를 쳐다봐! 다른 데 보지 말고 여기 카메라를 보라고!" 이렇게 얘기하고 싶네요.

여기저기 다니다가 운이 좋게 끄덕새우가 정면으로 쳐다보고 있는 모습을 찍었어요. 사진을 찍고 눈을 확대해서 살펴보니 그물처럼 촘촘하게 보이네요. 무심코 보면 눈동자가 오묘하게 생겼는지 알아보기 힘든데 말이지요.

■ 끄덕새우는 이마뿔이 크고 몸에 붉은색 줄무늬가 있으며 흰색 점들이 흩어져 있어요.

정면으로 제 카메라를 쳐다보는 모습이 "이제 그만 찍고 저리 가요. 귀찮아요!"라고 얘기하는 것 같아요. 그래서 사진 몇 장을 찍고 다른 데로 이동했어요. 바다 생물을 손으로 만지거나 귀찮게 하면 안 되기 때문이지요.

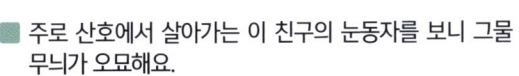
주로 산호에서 살아가는 이 친구의 눈동자를 보니 그물 무늬가 오묘해요.

유령새우와 스쿼트 쉬림프

말미잘 속에는 유령새우와 스쿼트 쉬림프(Squat shrimp)도 살고 있어요. 유령새우는 몸이 투명해서 붙인 이름이에요. 스쿼트 쉬림프는 새우가 마치 엉덩이를 들썩거리면서 앉았다가 일어나는 모습이 앉았다 일어나는 동작을 반복하는 운동(스쿼트)을 하는 것 같다고 해서 붙인 이름이지요.

둘 다 말미잘을 떠나지 않고 살아가는데 두 새우가 사는 말미잘 종류가 달라요. 말미잘은 독이 있어 물고기들이 다가가지 않지만, 새우들에겐 숨을 공간을 제공하기 때문에 말미잘과 새우는 서로 공생 관계예요. 두 새우는 모두 열대 지방에서 흔하게 볼 수 있지만 우리나라에는 제주도에서만 볼 수 있어요. 두 새우가 살 수 있는 말미잘이 제주도에만 있기 때문이지요.

점점 바닷물의 온도가 올라가서 동해 바다에도 새우들이 살 수 있는 말미잘이 있다면 유령새우와 스쿼트 쉬림프가 발견되겠지요. 말미잘 속에 사는 작은 새우들을 찾아보러 오늘도, 내일도 바닷속을 들어갈 거예요. 오늘은 얼마나 많은 새우를 만날까요? 내일은 또 새우들이 어떤 모습으로 반겨 줄지 궁금하네요!

■ 유령새우 종류는 몸이 아주 작고 유리처럼 투명해서 눈에 잘 띄지 않아요.

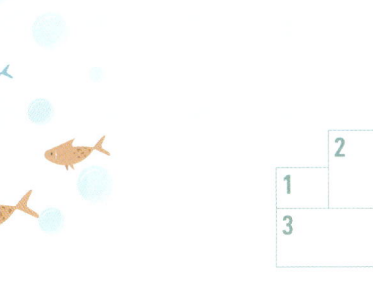

1, 2 배를 위로 들어 올려 꼬리가 머리 쪽으로 향하는 스쿼트 쉬림프의 자세가 마치 스쿼트를 하는 것 같아요. '토르 꼬마새우'라고도 하지요.
3 열대 바다에서 사는 유령새우가 제주 바다에서 보이는 이유는 지구 온난화로 바닷물의 온도가 높아졌기 때문이지요.

껍데기를 짊어지고 사는 소라게

해가 진 뒤에 물에 들어가는 '야간 다이빙'을 하러 왔어요. 어두운 바닷속에서 무언가 꿈틀거리며 기어가네요. 랜턴의 불빛을 피해 도망가는 것 같아요. 텅 빈 소라 껍데기를 짊어지고 평생 집으로 살아가는 게예요. 마땅히 숨을 곳이 없어 소라 속으로 몸을 쏙 숨기네요. 소라게의 얼굴을 보고 싶어 한참을 기다리니 슬그머니 다시 얼굴을 내미네요. 그러다 눈이 마주치자 소라게가 놀라서 다시 소라 껍데기 속으로 숨어 버려요. 소라 껍데기에 말미잘이 붙어서 같이 살아가고 있네요. 말미잘은 혼자 이동을 못 하기 때문에 소라게와 함께 움직여요. 소라게는 소라류나 고둥류 껍데기를 집으로 삼는다고 해서 '집게'라고도 해요.

■ 소라게는 몸이 자랄 때마다 몸 크기에 맞춰 집을 바꾸어요.

소라게는 주로 밤에 돌아다니는 야행성이라 야간 다이빙 때 자주 만날 수 있어요. 야행성 생물은 낮에는 어두운 곳에 숨어서 자고, 밤에 돌아다니면서 사냥해요. 소라게는 주로 죽은 물고기를 먹어요. 더러운 바다 환경을 청소해 주는 고마운 바다 생물이에요. 자세히 보니 다리에 털도 있네요. 입은 쉬지 않고 부지런히 움직이고 있어요. 마치 혼잣말로 중얼거리듯이 말이지요.

■ 말미잘이 마치 소라게 등에 업혀 사는 것 같지 않나요?

수지맨드라미 속에 사는 개오지붙이

분홍바다맨드라미에는 분홍색 개오지붙이가 살고 있어요. 밤에 나오기 때문에 낮에는 아무리 찾아봐도 보이지 않아요. 몸 색이 분홍색인 개오지붙이는 산호 색과 아주 비슷해요. 산호에 붙어 있어 마치 산호와 한 몸처럼 보이지요. 엉금엉금 어디론가 기어가네요. 사진을 찍어야 하는데 너무 작아 초점을 맞춰서 구도를 잡는 것이 쉽지 않네요. 한눈을 팔다가 다시 보면 눈앞에서 금방 사라진 것처럼 보이지 않아요. 다시 찬찬히 찾아보니 그 근처에 개오지붙이가 보여요. 와, 정말 산호와 똑같아요.

딱딱한 외투막(연체동물의 몸을 싸는 막으로 석회를 분비하여 껍데기를 만들지요)이 있는 개오지는 연체동물이에요. 오징어, 문어, 전복, 달팽이가 연체동물이니까 개오지는 오징어와 친구도 될 수 있겠네요. 살짝 건드리자 수줍은 듯 껍데기 속으로 쏙 들어가 버리네요. 외투막도 분홍색과 비슷해요.

■ 점점 자라면서 외투막의 돌기가 많아지고, 끝의 가지도 많이 쳐요.

아주 옛날에는 개오지를 화폐로도 사용했다고 해요. 화폐로 사용한 개오지는 분홍바다맨드라미 속에 사는 개오지붙이가 아닌, 다른 종류의 좀 더 큰 개오지예요.

'개오지'는 한국 최초의 패류학자 '류종생' 님이 1년 3개월에 걸쳐 지은 이름으로, '개+오지그릇'이란 뜻이래요. 겉모양이 화려하고 무늬와 광택이 아름다운 오지그릇과 비슷하다고 해서 붙인 이름이라고 해요. 개오지나 개오지붙이는 나선 구조의 패각(겉껍데기)이 안쪽으로 말려 들어가 달걀 모양이나 길고 뾰족하게 변형된 형태를 띤 고둥 종류로, 이 둘과 함께 흰구슬개오지까지 합쳐 개오지류라고 하지요. '~붙이'는 같은 종류라는 뜻이에요.

밤에 이렇게 작은 생물을 찾아보는 것도 신기하고 재미있네요.

■ 위험하다 싶으면 외투막을 몸속으로 쏙 말아 넣어요.

위 산호를 쏙 닮은 분홍반점개오지붙이예요.
아래 외투막을 안으로 말아 넣은 모습이지요.

위 아름다운 혹등반점개오지붙이예요.
아래 위험을 느꼈는지 외투막을 안으로 말아 넣은 모습이예요.

만나기 힘든 호랑이무늬토끼고둥

몸 무늬가 호랑이 줄무늬 같다고 해서 붙인 이름이에요. 개오지붙이과에 속하는 이 고둥은 개체가 많지 않아 보기 힘들고 찾기도 어려워요. 저도 제주도에서 지금까지 세 번밖에 만나지 못했어요. 이 고둥은 우리가 생각하는 알록달록한 산호가 아닌, 마치 나뭇가지처럼 생긴 진총산호 속에서 살고 있어요. 자주 발견되는 생물이 아니라서 이 친구에 대해 알려진 것이 많지 않아요. 바닷속은 우리가 모르는 것이 너무 많은 신비한 세계예요. 언제 다시 호랑이무늬토끼고둥을 만날까요? 신비로운 생명을 찾아서 오늘도 카메라를 들고 잠수를 해요.

■ 몸에 호랑이처럼 줄무늬가 있는 이 친구는 자주 만날 수 없어요.

■ 나뭇가지처럼 생긴 진총산호 속에서 만난 친구예요. 샛노란 몸 색에 흰색 테두리가 있는 검은색 줄무늬가 무척 고와요.

해송 속에 사는 두루마리고둥

해송 속에 우리가 잘 모르는 작은 생명체가 있네요. 개오지붙이과에 속하는 두루마리고둥이에요. 생김새가 길쭉하고, 크기는 매우 작은 두루마리고둥에는 잘린두루마리고둥, 가시두루마리고둥, 뽀족두루마리고둥 등 여러 종이 있어요. 색상은 해송의 색과 비슷해서 자세히 보지 않으면 잘 모르고 지나쳐요. 모든 해송에 두루마리고둥이 사는 것은 아니에요. 그래서 두루마리고둥이 있는지 없는지 잘 살펴봐야 해요. 저도 그동안 많이 보지 못했어요. 그만큼 찾기도 힘들고, 자주 볼 수 없는 바다 생물이라고 할 수 있지요.

수심 15미터 문섬 절벽 쪽에 해송이 있어 유심히 살펴보았더니 해송 뒤편에 숨어 있는 두루마리고둥을 찾았어요. 크기는 1센티미터로 작지만, 자라면서 조금 더 커져요. 이번에는 섶섬 앞 수심 20미터 즈음에 해송이 있는 곳에 두루마리고둥이 있네요. 사진을 찍고 나니 두루마리고둥이 또렷

■ 가운데가 가장 두툼하고 양 끝으로 갈수록 가늘어져요. 끝이 마치 사선 모양으로 잘린 것 같은 잘린두루마리고둥이에요.

하게 보여요. 눈으로는 잘 보지 못하고 지나치기도 해서 마치 숨은그림찾기를 하는 것 같아요.

■ 연한 노란색 외투막에 툭 튀어나온 돌기와 핏줄 같은 선명한 붉은색 선이 눈길을 끄는 두루마리 고둥이에요.
아래 사진에도 두루마리고둥이 해송 속에 숨어 있네요.(검은색 동그라미)

나를 찾아보세요, 가시두루마리고둥

진총산호 속에서 산호 색깔과 아주 비슷해 보이는 가시두루마리고둥을 찾았어요. 무심코 보면 아무것도 없는 것처럼 보여요. 두 마리가 짝짓기하는 모습을 한 번은 섶섬에서, 그리고 한 번은 문섬에서 봤어요. 두 마리가 겹쳐 있어 마치 한 마리처럼 보이네요.

움직임도 느려서 며칠 뒤에 가도 발견했던 그 자리에서 살고 있어요. 대신 살짝 건드리니까 금방 외투막을 몸속으로 숨겨 버려요. 산호를 건드려도 그 떨림에 외투막을 몸속으로 숨기지요. 그래서 건드리지 않고 구경하거나 사진을 찍어야 하는데 산호 속에 숨어 있다 보니 사진 찍기가 참 많이 불편하네요. 마침 같이 들어간 다이버가 사진을 찍을 수 있게 도와줘서 겨우 찍었어요. 자세히 쳐다보니 깨알 같은 검은색 눈도 보이네요.

■ 생김새가 두루마리고둥과 비슷하지만 몸 색에서 차이가 뚜렷해요.

위 진총산호 속에 숨어 있는 이 친구를 찾기란 정말 힘들어요.
살짝 건드리기만 해도 외투막을 몸속으로 숨겨요.
아래 암수가 짝짓기를 하고 있어요.

깨끗한 바다에 사는 뿔소라

뿔소라는 제주도에서 해녀들이 가장 많이 잡는 해산물이에요. 껍데기는 단단하지만 오징어, 문어, 전복, 소라 따위처럼 연체동물에 속해요. 수심이 깊지 않은 곳에서 살아 해녀들이 잡기도 쉬워요. 낮에는 바위틈에 숨어 있다가 밤에 돌아다니는 모습을 자주 볼 수 있어요. 뿔소라는 감태 같은 해조류(바닷말)를 먹고 살아요. 그래서 뿔소라가 많은 곳은 해조류가 많고 오염되지 않은 깨끗한 바다예요. 주로 쪄서 먹거나 죽으로 만들어 먹는데 제주도에서 없어서는 안 될 소중한 수산자원이지요.

문섬의 수심 5미터에서 기어다니는 뿔소라를 찍어 봤어요. 얼굴을 찍고 싶지만 수줍음이 많아서 가까이 다가가니까 얼굴을 금방 감춰 버리네요.

■ 단단한 껍데기가 나선 모양이고, 뿔이 삐죽삐죽 튀어나와 있네요.

위 뿔소라가 해조류인 감태를 먹고 있어요.
아래 왼쪽 껍데기 끝이 돌돌 말려 있어요.
아래 오른쪽 검은색 점이 바로 뿔소라의 눈이에요.

작고 화려한 갯민숭달팽이

갯민숭달팽이는 영어로 '누디브랜치(nudibranchs)'라고 해요. 학명(전 세계에서 공통으로 쓰이는 생물 이름) 누디브란치아(*nudibranchia*)는 라틴어로 '벌거벗은'이란 뜻의 'nudus(누두스)'와 그리스어로 '아가미'란 뜻의 'brankhia(브란키아)'에서 따왔어요.

갯민숭이달팽이는 몸을 보호하는 딱딱한 껍데기가 없어요. 그래서 화려한 몸 색으로 마치 독이 있는 것처럼 보이려고 하지요. 실제로 자포동물(히드라)의 독성을 이용하거나 피부에 독을 분비하기도 해요. 화려한 색상만큼 엄청 종류가 다양해 전 세계에 3천여 종이 있어요. 우리나라 바다 어디에서든지 볼 수 있으며 400여 종이 살고 있을 거라고 추정해요. 그 가운데 제주에서만 사는 종류도 있어요.

조용히 쳐다보고 있으면 정말 달팽이처럼 느릿느릿 기어가지만 사진을 찍으려고 하면 100미터 달리기를 전속력으로 질주하는 선수처럼 빠르게 움직여요. 겉으로 보기에는 천천히 움직여서 쉽게 사진 찍을 수 있을 것 같지만 초점조차 잡기 쉽지 않네요.

왼쪽 더듬이(촉각)가 마치 불꽃 같은 불꽃갯민숭이예요. 끝이 뭉툭한 손가락 모양의 돌기가 흩어져 있어요.
오른쪽 긴꼬리갯민숭이는 붉은색과 푸른빛을 띤 보라색이 화려해요.

가만히 있어 주면 좋겠다는 생각을 여러 번 해요. 그만큼 움직임도 많고, 부지런히 돌아다니거든요.

갯민숭달팽이는 수천 개에서 수만 개의 알을 낳아요. 작은 좁쌀처럼 옹기종기 모여 있는 알들이 리본 같은 모양으로 나풀거려요. 이렇게 알을 많이 낳는 이유는 끝까지 살아남는 갯민숭달팽이가 얼마 되지 않기 때문이라고 해요.

오른쪽 생김새가 마치 여왕처럼 우아한 여왕갯민숭달팽이
아래 옛날 비옷인 도롱이를 닮고 끝이 빨간색인 빨강꼭지도롱이갯민숭이

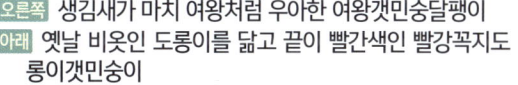

위 흰색 몸에 검은색 점무늬가 있는 흰갯민숭달팽이
아래 몸에 검은색 고리 무늬가 있는 흑고리갯민숭달팽이

위 몸 색이 파란색에 노란색 줄무늬가 있는 파랑갯민숭달팽이
아래 흰색 바탕의 몸에 촘촘한 붉은색 망사 무늬가 있는 망사갯민숭달팽이

독이 아주 무서운 파란고리문어

어두운 밤에 바닷속에서 무언가 꿈틀거려요. 자세히 보았더니 몸에 파란색 점이 있는, 손바닥 반만 한 크기의 작고 귀여운 문어예요. 몸에 파란색 점이 있어서 파란고리문어 또는 푸른점문어라고 해요. 영어 이름은 '블루 링 옥토퍼스(Blue ring octopus)'라고 하지요.

화가 나면 파란색 점(고리)이 진한 색으로 변해요. 귀엽다고 절대로 만지면 안 돼요. 이 문어는 독을 갖고 있어서 한번 물리면 어른도 그 자리에서 죽을 수 있어요. 원래 필리핀 같은 따뜻한 나라의 바다에서만 살았는데 지금은 우리나라 제주도에서부터 남해안까지 살고 있어요. 그만큼 바닷물이 따뜻해졌다는 증거이지요.

■ 공격받거나 위협을 느끼면 파란색 고리 무늬가 더욱 뚜렷해져요.

■ 몸이 작은 이 친구는 복어의 독과 같은 테트로도톡신을 가지고 있어요. 이 친구에게 물리면 몸이 마비되거나 숨을 쉬기 어렵고 심장마비를 일으켜 목숨을 잃을 수도 있으니, 정말 조심해야겠지요?

모성애가 지극한 문어

문어는 우리나라 바다 어디에서든 볼 수 있어요. 심지어 따뜻한 바다에도 살고 있지요. 화가 나거나 공격을 받아 당황하면 주변 환경에 맞게 몸 색을 바꾸는 특별한 능력이 있어요. 또 맛이 좋아서 해산물 요리로 인기가 많아요. 하지만 문어가 알을 지키는 모습을 보면 문어가 맛있다고 할 수 없을 것 같아요.

어미 문어는 좁은 틈의 바위에 알을 붙여 낳은 뒤 작은 돌들로 입구를 막고 숨어서 알을 지켜요. 그리고 그 알들이 부화할 때까지 오랫동안 아무것도 먹지 않고 알들을 보호하면서 신선한 물을 알에 흐르게 해요. 그 알들이 깨어나면 어미 문어는 너무나 지쳐서 더 이상 살지 못하고 죽어 버리지요. 알에서 깨어난 작은 좁쌀 크기의 새끼들은 뿔뿔이 흩어져 멀리 퍼져 나가요.

이렇게 작은 문어도 자식을 위해 아무것도 먹지 않고 지키는 것을 보면 생명의 탄생은 참 고귀해요. 문어의 새끼들이 잘 자라서 우리 바다가 풍성해졌으면 좋겠어요. 참고로 문어는 다리가 8개, 오징어 다리는 10개이지만 그중 2개는 먹이를 낚아채는 더듬이팔(촉완 또는 촉수)이에요.

■ 문어는 주변 환경에 맞게 몸 색을 바꾸는 데 천재예요.

위 문어가 좁은 굴속에 숨어서 쳐다보고 있어요.
아래 암컷 문어와 수컷 문어가 짝짓기하고 있어요.

위 바위틈에 알을 붙여 낳은 어미 문어가 알들에 신선한 물을 흐르게 해요.
아래 아무것도 먹지 않고 알들을 돌보는 어미 문어 덕분에 알들이 잘 자라서(왼쪽) 깨어날 준비(오른쪽)를 하고 있네요.

■ 알에서 무사히 깨어난 좁쌀만 한 새끼 문어들이 뿔뿔이 흩어져 떠나요.

바닷속 숲을 이루는 모자반

누런색을 띤 모자반은 귀중한 자원이에요. 추운 겨울이 지나고 봄이 오면 바다에는 모자반이 수면 가까이 올라오듯이 자라나요. 예전에는 문섬에서도 모자반을 쉽게 볼 수 있었는데 요즘은 모자반이 별로 없네요. 비양도 쪽을 가야만 모자반의 멋진 모습을 볼 수 있어요. 아마도 기후변화 때문인 것 같아요. 그만큼 서귀포 바다가 따뜻해졌다는 증거이지요.

멋진 모자반이 보고 싶어서 비양도를 다녀왔어요. 사람 키보다 훨씬 큰 모자반 사이사이를 돌아다니면 마치 바닷속의 숲속에 들어와 있는 느낌이에요. 앞으로 나아가지 못해서 뒤를 쳐다보니 길게 자란 모자반이 발목을 감싸 버렸네요. 발목을 감싼 모자반을 풀고 천천히 앞으로 나아갔어요. 모자반 속에서 여러 물고기가 숨어서 헤엄을 치고 있네요. 해녀도 모자반 아래에 숨어 있는 뿔소라, 전복, 문어 따위를 부지런히 캐고 있어요.

■ 모자반은 1~3미터로 크게 자라요. 줄기는 세모진 기둥 모양이거나 삼각형이지요.

이렇게 모자반은 우리에게 멋진 구경거리와 바다 생물이 살아갈 공간을 제공하는 훌륭한 식물이에요.

참, 모자반은 수면으로 쭉쭉 뻗어 있는데 그 이유는 이파리 사이에 열매처럼 생긴 기낭이 있기 때문이지요. 기낭은 공기를 품고 있는 주머니예요. 기낭을 손으로 누르면 톡 하고 터지면서 공기가 나와요. 5월이 지나면 모자반은 다 녹아 없어지고, 다시 추운 겨울이 오면 새로운 모자반들이 자라나요. 또 12월부터 이듬해 6월 사이에 중국 바다(동중국해)에서 떠다니다가 제주도로 밀려오는 '괭생이모자반'이 해안에 쌓여 바다 환경을 오염시켜 피해가 크다고 해요.

모자반을 제주도에서는 '몸' 또는 '몸말'이라고 하며, 이것으로 끓인 국을 '몸국'이라고 해요. 이처럼 모자반으로 국이나 반찬을 만들어 먹지만, 모든 모자반이 다 먹을 수 있는 것은 아니에요. 몸국 맛이 궁금하면 제주도를 여행하면서 한번 먹어 보세요.

1 이파리 사이사이에 공기를 품고 있는 주머니는 기낭이에요.
2 바다숲을 이룬 모자반이 무성해요. 이 숲은 바다 생물이 살아가는 공간이기도 하지요.
3 모자반은 음식으로 먹기도 하지만 비료로도 쓰인대요.

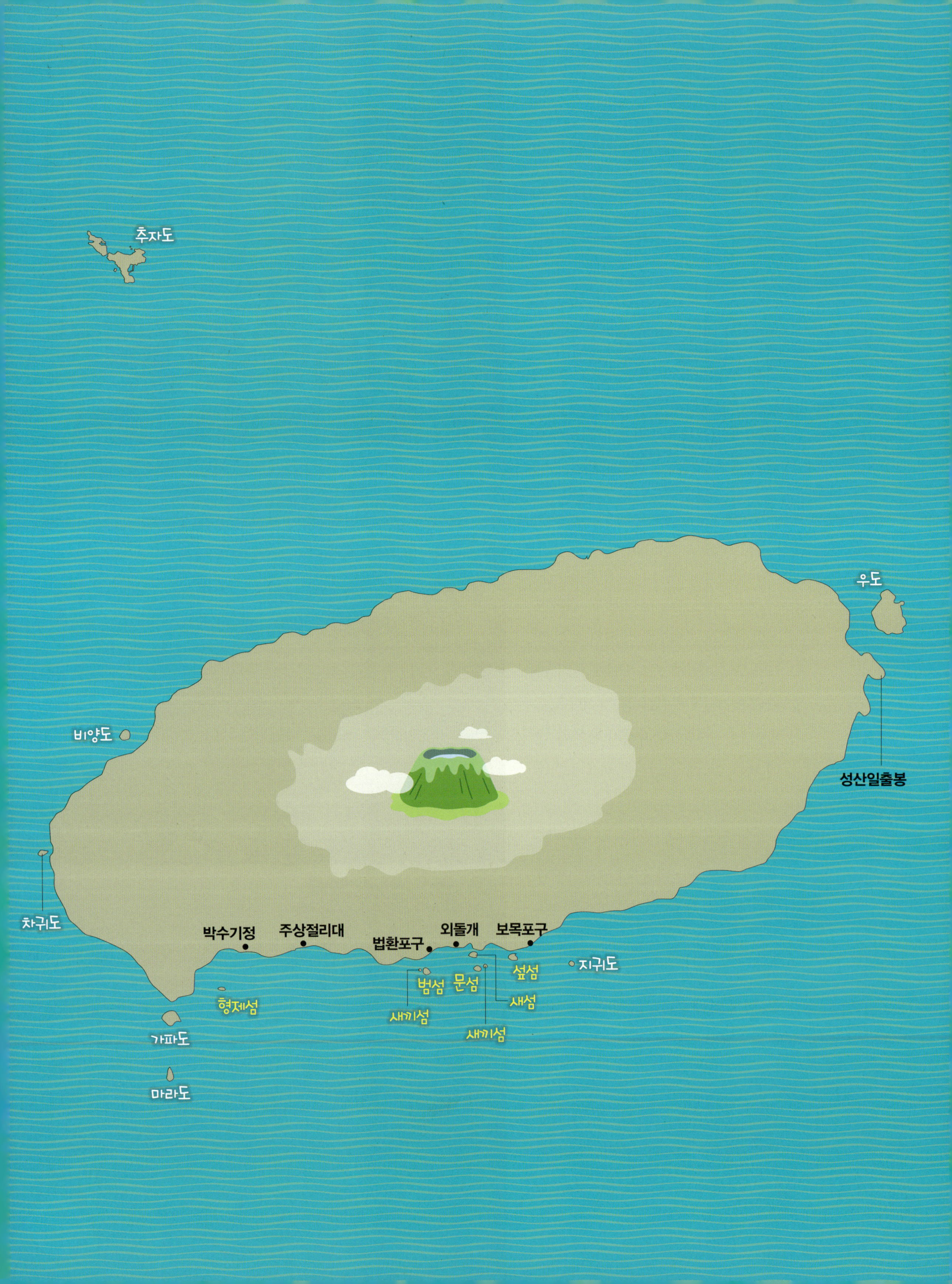

추자도
우도
비양도
성산일출봉
차귀도
박수기정
주상절리대
법환포구
외돌개
보목포구
지귀도
섶섬
범섬
문섬
새섬
새끼섬
새끼섬
형제섬
가파도
마라도

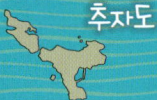

3

아름다운 제주 바다

햇살이 바닷속으로 쏟아지는 빛내림

햇빛이 눈부시게 펼쳐지는 맑은 날, 아름다운 햇살이 바닷속으로 쏟아져요. 이 그림 같은 멋진 풍경을 '빛내림'이라고 해요. 너무 깊은 바닷속에서는 이런 모습을 볼 수가 없어요. 왜냐하면 햇빛이 깊은 물속까지 닿지 않기 때문이지요. 그리고 햇빛이 약하거나 흐린 날에도 이런 모습을 볼 수 없어요. 빛이 제일 강한 오전 10시에서 오후 2시 사이에 이런 멋진 모습을 볼 수 있지요.

햇빛 사이로 수많은 멸치가 무리 지어 돌아다니고, 해조류가 그 빛을 받아 쑥쑥 자라고 있네요. 빛내림은 아름답기도 하지만 바다 생물이 건강하게 살 수 있도록 도와주지요.

■ 바닷속으로 쏟아져 들어오는 빛내림이 장관을 이루어요.

■ 바다 생물이 건강하게 살 수 있도록 도와주는 빛내림이 정말 환상적이에요.

겨울날의 서귀포 바닷속

추운 겨울날 바닷속은 오히려 더 따뜻해요. 1월과 2월 밖의 기온이 2~3도이지만, 수온은 12도 이상이기 때문이지요. 많은 사람이 겨울에 물에 들어가면 "안 추워요?" 하고 물어봐요. 하지만 다이빙을 해 보지 않은 사람들은 물속이 더 따뜻하다는 것을 몰라요. 다이빙을 마치고 물 밖으로 나오면 너무 추워서 다시 물속으로 들어가고 싶지요.

겨울 바다는 조용하고 고요해요. 하지만 바닷속의 풍경은 항상 물고기들로 활기가 넘치고 산호들은 여전히 아름다워요. 바닷속은 일 년 열두 달 항상 똑같은 모습을 보여 줘요. 다른 점이 있다면 봄, 여름, 가을, 겨울 수온에 따라 살아가는 물고기의 종류가 달라서 보이지 않던 물고기가 보이기도 하고, 보이던 물고기가 안 보이기도 해요.

■ 1월 1일 아침, 서귀포 바다 문섬과 범섬 사이에서 해가 떠오르고 있어요.

추운 겨울에도 바닷속 물고기들이 부지런히 헤엄을 치면서 돌아다니네요. 참, 추운 겨울에는 옷 속으로 물이 들어오지 않는 드라이 슈트(dry suit)라는 잠수복을 입어요. 물 밖으로 나오면 생각보다 엄청 춥기 때문에 고생하거든요. 겨울 바다의 또 다른 특징은 유난히 바닷속 시야가 좋아요. 그래서 사진을 찍으면 물 색이 더욱 파랗고 깨끗하게 나오지요.

1 물 색이 파랗고 시야가 좋은 겨울의 범섬 바닷속에서 만난 솔배감펭
2 산호 주위로 한가로이 헤엄치는 자리돔을 품은 겨울의 문섬 바닷속
3 산호와 주걱치가 어우러진 겨울의 문섬 바닷속

수심에 따른 바닷속 풍경

바닷속은 수심에 따라 볼 수 있는 풍경이 달라요. 물속에 들어가니 수면 가까이에서 살아가는 녹조류가 보이네요.

수심 10미터까지 내려가면 미역, 감태 같은 갈조류가 풍성해요. 물살에 갈조류가 마치 빨랫줄에 널어놓은 빨래가 바람에 흔들리듯 앞뒤로 왔다 갔다 하네요. 계속 쳐다보고 있으니 멀미가 나요.

수심 15미터로 내려가니 수면보다 더 많은 물고기가 눈앞에서 왔다 갔다 해요. 파랑돔도 보이고, 산호 속에 숨어 있는 물고기, 작은 새우 같은 것들이 보이네요. 자리돔은 무리 지어 위아래로 오르락내리락하는데 정신이 없어요. 범돔도 무리 지어 옮겨 다니네요.

수심 20미터를 내려가니 말미잘 속에 흰동가리가 살고 있어요. 가까이 가니까 오지 말라고 손등을 물려고 해요. 해송에 줄도화돔이 모여서 쉬고 있어요. 해송 속에는 개오지붙이가 살고 있지요.

수심 25미터를 내려가면 길쭉하게 자란 수지맨드라미와 해송이 보여요.

■ 수심 5미터 문섬 바닷속

　수심 30미터에 이르면 잠수부 공기통 안의 공기량이 육지에서보다 4배는 빨리 없어져요. 이것은 수심이 깊을수록 물의 압력이 높아지고 기체의 부피는 줄어들기 때문이지요. 그래서 빨리 수면으로 올라가야 해요.

　다시 낮은 수심으로 올라가면서 절벽 쪽에 산호와 물고기들을 구경하는데 낚시꾼이 버린 낚싯줄과 낚싯바늘이 보이네요. 자칫 잘못해서 낚싯줄에 걸리면 잠수복이 찢어져서 위험해요. 낚싯줄을 피해 조심조심 수면으로 올라왔어요.

　이렇게 바닷속 수심에 따라 다양한 바다 생물들이 살고 있네요. 더 깊은 바닷속에는 아직도 우리가 모르는 새로운 생물(물고기)들이 많이 살고 있어요. 이러한 친구들을 심해 생물(심해는 보통 수심이 200미터 이상 되는 곳을 가리켜요)이라고 해요. 심해 생물은 낮에는 깊고 어두운 바닷속에 있다가 밤이 되면 낮은 수심까지 올라왔다가 아침에 다시 깊은 바닷속으로 내려간대요.

■ 수심 10미터 지점에 낚시꾼이 버린 낚싯줄과 낚싯바늘이 엉켜 있어요.

위 수심 15미터 문섬 바닷속
아래 수심 20미터 문섬 바닷속

위 수심 25미터 문섬 바닷속
아래 수심 30미터 문섬 바닷속

신비한 수중 동굴

화산섬으로 이루어진 제주도의 바닷속에는 많은 동굴이 있어요. 제주도의 수중 동굴은 화산이 분출하고 난 뒤 마그마가 식으면서 생긴 구멍이라고 할 수 있지요.

서귀포 칼 호텔 앞에 재미있는 동굴이 있어요. 작은 입구를 따라 동굴로 들어가니 어두운 곳을 좋아하는 주걱치 무리가 살고 있네요. 다이버가 다가가니까 뿔뿔이 흩어져요. 동굴 안에서 밖을 보니 물 색이 파랗고 멋져요. 서귀포 동굴은 들어간 입구에서 반대 방향으로 나올 수 있어요.

범섬에도 동굴이 있는데 그 동굴은 끝이 막혀 있어요. 그래서 들어갔던 곳으로 다시 되돌아 나와야 해요. 빛이 들어오는 곳이라 초보자들도 쉽게 갈 수 있어요.

동굴을 들어갈 때는 수중 랜턴을 꼭 가지고 가야 해요. 어두워서 길을 잃을 수도 있기 때문이지요. 또 빛을 비추면 어두워서 잘 보이지 않던 바다 생물이나 수중 지형이 더 잘 보이기도 해요.

■ 범섬의 수중 동굴 속에 주걱치 무리가 헤엄치고 있어요.

육상 동굴로 유명한 제주도 제주시 구좌읍의 만장굴은 길이가 7.4킬로미터로 10만 년 전에서 30만 년 전에 만들어졌대요. 아주 오래전에 만들어진 동굴이지요. 수중 동굴도 마찬가지예요. 육상에서 만들어진 동굴이 바다까지 이어지기도 해요. 그런 곳을 탐험할 때는 특수한 장비들을 사용해야 하며, 아주 위험하기에 아무나 쉽게 갈 수가 없어요.

■ 범섬의 수중 동굴

■ 우도의 수중 동굴

위 화순 쌍굴
아래 서귀포 칼 호텔 앞의 수중 동굴

우뚝 솟은 바위 하나 외돌개

문섬과 범섬 사이 해안가에 바위 하나가 우뚝 솟아 있어요. 바다 한가운데 혼자 서 있다고 해서 붙인 이름이지요. 외돌개의 바닷속은 계곡처럼 이루어져 있네요. 요리조리 헤엄치면서 바위 사이 사이를 돌아다니며 구경하는 것이 무척 재미있어요. 커다란 바위 사이에 있는 작은 구멍 같은 곳을 지나가니 옆으로 많은 물고기가 똑같이 바쁘게 돌아다니고 있네요. 빨강 산호, 노랑 산호 사이로 자리돔들도 헤엄치고 있어요.

수심 20미터에서 10미터까지 돌아다녀 보았어요. 마치 등산하는 것처럼 올라갔다 내려갔다 반복했어요. 이렇게 커다란 바위를 힘들이지 않고 오르락내리락하다 보니 어느새 물 밖으로 나가야 할 시간이 되었네요.

■ 돌기둥으로 우뚝 솟은 외돌개에 소나무 몇 그루가 자라고 있어요.

외돌개는 바다로 고기잡이 나간 할아버지가 풍랑을 만나 바다에서 죽은 줄도 모르고 할아버지를 애타게 기다리던 할머니가 날마다 목 놓아 "하르방, 하르방" 부르다가 그 자리에서 바위가 되었다는 전설이 있어 '할망바위'라고도 불러요.

■ 외돌개 바닷속에서 무리 지어 헤엄치고 있는 자리돔이 보여요.

■ 외돌개의 바닷속은 마치 수중 계곡 같은 느낌이네요.

■ 외돌개 바닷속 절벽을 따라 알록달록 산호와 주걱치들도 보이네요.

낚시의 천국 추자도

추자도는 조선 시대 말 전라남도 완도군에 속했다가 1914년 전라남도 제주군에 속하게 되었고, 이후 1946년 제주도와 함께 전라남도에서 분리되었어요. 지금은 제주특별자치도 제주시 추자면에 속하지요. 상추자도와 하추자도로 이루어진 추자도는 다리(추자대교)를 놓아 두 섬이 연결되어 있어요.

추자도는 낚시꾼들이 참 좋아하는 섬이에요. 그만큼 물고기들이 많지요. 물속에는 가끔 전복도 보이고, 뿔소라도 많아요. 때로는 조류가 강하고 시야가 안 좋기도 하지만, 조류가 없고 시야도 좋을 때는 무척 아름다워요. 수면 위로 해파리가 지나가네요. 함께 간 다이버에게 해파리와 같이 사진을 찍어 준다고 모델을 하라고 했어요. 해파리가 정말 크네요. 수온이 올라가면 자주 나타나는 '노무라입깃해파리'예요.

■ 노무라입깃해파리(왼쪽), 해조류도 보이네요.

이번에는 바위 사이로 가시산호가 정말 많네요. 자리돔들도 그 사이를 지나다녀요. 돌돔도 함께 보이네요. 추운 겨울에는 안 보이던 돌돔이 여름이 되어 수온이 따뜻해지니까 많이 보여요. 갑자기 시야가 안 좋아지다가 다시 좋아져요. 물이 흐르고 있어서 그런 것 같아요.

추자도 바다가 제주도 바다처럼 예쁘다는 것을 느끼고 왔어요. 지금처럼 비행기가 없던 아주아주 오래전에 제주도와 육지를 오가던 옛 선조들이 거센 바람을 피하려고 잠시 머물면서 바람이 잔잔해지기를 기다렸던 섬이라는 뜻으로 '후풍도'라고도 했으며, 추자나무 숲이 있어 '추자도'라고 이름 지었다고 해요. 추자도는 굴비가 유명하고, 제주 올레길 18코스에 속해요.

■ 낚시꾼들이 좋아하는 추자도 바닷속 산호 주변에서 자리돔과 용치놀래기, 돌돔이 헤엄치고 있어요.

다각형 기둥 모양의 주상절리

주상절리란 용암이 차가운 공기나 물을 만나 갑자기 식으면서 부피가 줄어들어 생긴, 줄지어 늘어선 다각형 기둥 모양의 바위를 가리켜요. 육상에도 주상절리가 있지만 바닷속에도 주상절리가 있어요. 육상에는 제주도 서귀포시 중문관광단지의 대포주상절리가 유명해서 많은 관광객이 찾아와요. 또 서귀포시 상예동에도 갯깍주상절리가 있지만 그곳은 바위가 떨어질 위험이 있어 지금은 근처에 갈 수가 없어요.

■ 제주도 서귀포시 중문관광단지의 대포주상절리는 천연기념물로 지정되어 있어요.

바닷속의 주상절리는 화순이나 범섬 같은 곳에서 볼 수 있어요. 육지의 바위 모습 그대로 바닷속으로 연결이 되어 있지요. 서귀포시 대평리에 있는 '박수기정'이라는 절벽이 물속으로도 이어져 바닷속에서도 주상절리를 볼 수 있어요. 박수기정이란 샘물을 뜻하는 '박수'와 절벽을 뜻하는 '기정'이 합쳐진 말로, '바가지로 마실 수 있는 깨끗한 샘물이 솟아나는 절벽'이라는 뜻이래요. 시야가 좋은 날 물속에서 웅장한 바위의 모습을 보고 있으면 자연은 정말 위대하다는 느낌을 받아요.

■ 날카로운 조각칼로 깎아 낸 듯한 다각형의 기둥들이 마치 병풍처럼 둘러쳐져 있어 신비로워요.

■ 육지의 주상절리가 바닷속으로 연결되어 있어요.

위 쭉 뻗은 바닷속 주상절리에서 자연의 위대함을 한껏 느낄 수 있지요.
아래 제주 서귀포시 안덕면 화순리에서 바라본 박수기정이에요.

형제섬의 수중 아치

작은 두 섬이 마주 보고 있어 '형제섬'이라고 불러요. 이곳은 스쿠버를 할 수 없는 지역이라 특별한 경우에만 물속에 들어갈 수 있어요. 이날은 '수중 정화 활동'을 하려고 들어갔어요. 이곳에는 수중 아치가 다섯 개 있어요. 아치는 둥그런 모양의 건축물을 말하는데 이곳의 모습이 그런 형태를 닮았거든요. 매우 큰 것이 하나 있고, 보통 크기나 작은 것이 여러 개 있어요. 큰 것은 사람이나 버스가 지나다닐 만큼 크고, 작은 것은 겨우 한 사람만 지나갈 정도로 작아요.

이렇게 자연적으로 아치가 있는 곳은 그리 많지 않아 이곳의 수중 아치는 더 유명하지요. 하지만 일반 다이버들은 구경할 수 없는 것이 아쉽네요. 마을에서 해산물을 보호하기 위해 출입을 금지하고 있어 들어갈 수 없거든요.

■ 수중 아치 천장에서 연산호가 자라고 있어요.

아치 주위로 물고기들이 많이 지나다니는데 특히 자리돔이 많아요. 그 주위로 연산호가 아름답게 자리하고 있어요. 제주도는 화산 활동으로 이루어진 섬이라 형제섬의 물속에 이렇듯 멋진 지형이 생기게 된 것이에요. 이곳은 낚시꾼들이 자주 찾는 곳이니만큼 물고기들이 많아요. 아치를 지나면서 물고기들과 함께 춤을 추는 즐거운 상상을 해요. 이곳에 다시 오고 싶지만 함부로 들어갈 수 없어 더욱 아쉽기만 해요.

■ 제주도 서귀포시 안덕면 사계리에 있는 형제섬의 수중 아치예요.

■ 다이버가 신비한 형제섬의 수중 아치를 둘러보고 있어요.

위 용치놀래기가 갈조류를 먹고 있어요.
아래 왼쪽 수중 아치에 자리한 산호 주위로 줄도화돔과 자리돔 무리가 보여요.
아래 오른쪽 서귀포시 안덕면 사계리에서 바라본 형제섬

돌고래도 만날 수 있는 무릉아치

제주도 대정읍 무릉리 해안도로를 따라가면 가끔 돌고래를 만나기도 해요. 그곳 바닷속에는 '무릉아치'라는 작은 아치가 있지요. 이곳에서 언제부터 다이빙을 했는지 모르겠지만, 제가 25년 전에도 이곳에서 다이빙을 했으니 무척 오래전부터인 것 같네요.

무릉아치는 해안가에서 스쿠버 장비를 착용한 뒤 걸어서 물에 들어가요. 물론 파도가 심하게 치는 날에는 들어갈 수가 없지요. 조류가 심한 날에도 마찬가지예요. 그런 날에 다이빙을 하면 위험하거든요. 물에 들어가 오른쪽으로 수심 약 12미터 지점까지 가면 작은 아치가 하나 나와요. 아치 사이를 왔다 갔다 구경하면서 사진을 찍어 보았어요.

■ 무릉아치의 곱디고운 연산호 그리고 자리돔과 다이버의 모습이 한 폭의 그림 같아요.

근처 양식장에서 탈출한 광어 한 마리가 바닥에 있네요. 다가가도 도망가지 않아요. 아치 주위로 전갱이 떼가 엄청나게 돌아다니고 있어요. 전갱이들 역시 양식장에서 흘러나온 먹이 찌꺼기를 먹느라고 바빠요. 전갱이는 혼자 다니지 않고 수백 마리가 무리 지어 다니지요. 무릉아치는 그리 깊지 않아 초보자들도 구경하기에 참 좋아요. 그리고 운이 좋으면 돌고래도 만날 수 있지요.

위 근처 양식장에서 탈출한 광어를 보고 다이버가 놀란 표정을 짓고 있네요.
아래 무릉아치 천장에서 자라고 있는 형형색색의 연산호

호랑이가 엎드린 옆모습을 닮은 범섬

서귀포시 법환동 앞바다에 있는 범섬은 호랑이가 엎드린 옆모습을 닮아 붙인 이름이에요. 범섬은 아주 오래전에는 사람들이 살았지만, 지금은 사람들이 살고 있지 않는 무인도이지만 낚시꾼과 다이버들에게 유명한 곳이에요. 범섬은 천연기념물로 지정되어 있으며, 섬 왼쪽에 커다란 동굴이 두 개 있어요. 사람들은 이 모습이 마치 호랑이 콧구멍 같다고 하지요. 이곳은 그리 깊지 않아 다이버들이 드나들 수 있어요. 섬 전체가 주상절리로 이루어진 멋진 곳이에요.

제주도의 모든 섬은 화산 활동으로 이루어졌어요. 범섬의 물속은 다이버만 들어갈 수 있기 때문에 범섬의 주상절리는 아무나 볼 수가 없어요. 사진으로 멋진 범섬의 모습을 감상해 보세요.

■ 범섬은 호랑이가 엎드린 옆모습을 닮았어요.

	1
2	3

1 수심 7~8미터 지점에서 만난 감태와 연산호가 어우러진 범섬의 아름다운 바닷속이에요.
2 범섬 앞 수심 30미터 지점에서 만난 가시수지맨드라미예요.
3 감태 사이로 숨어 있는 어렝놀래기가 보여요.

작은 물고기들의 보금자리 범섬의 인공어초

바닷속에 일부러 빠뜨린 인공 구조물을 인공어초라고 해요. 인공어초는 동그라미, 네모, 세모 등등 여러 모양이 있으며, 대체로 네모난 사각 어초가 제일 많아요. 인공어초에는 여러 종류의 바다 생물이 살고 있어요. 빠뜨린 지 수십 년이 지난 터라 이곳에는 산호도 살고 물고기들도 많이 살아요. 주로 어린 물고기들이 숨어서 살고 있지요.

범섬 앞에서 인공어초를 보려고 잠수를 시작해요. 서서히 바닥이 보이고 수심 24미터에 있는 인공어초가 보이기 시작하네요. 인공어초 주위에는 모래밖에 없어요.

■ 인공 구조물을 바닷속에 설치한 인공어초에는 온갖 바다 생물이 살아가요.

　인공어초 사이사이를 다니면서 사진을 찍었어요. 마치 내가 물고기와 하나가 된 듯 수많은 물고기가 제 옆에 있네요. 이곳에서 사는 어린 물고기들은 어른이 되면 더 넓은 바다를 향해 떠나가요. 그러면 또 다른 어린 물고기들이 이곳에서 어른이 될 때까지 살아가겠지요. 인공어초는 이렇듯 어린 물고기들에게 집을 제공해 주는 중요한 인공 구조물이에요.

■ 바닷속에 빠뜨린 지 수십 년이 지난 인공어초는 바다 생물의 훌륭한 서식처예요.

■ 인공어초는 바다 생물을 위한 든든한 보금자리라고 하지요.

■ 어린 물고기들이 안전하게 몸을 숨길 수도 있고 연산호가 무성하게 자라기도 해요.

173

물속에 잠겨 보이지 않는 바위 연세미여

범섬 근처 강정 앞바다에 연세미여가 있어요. 해저 화산 활동으로 이루어진 지형이라 물속에 웅장한 바위가 있고 계곡도 있네요. 강정에 살고 있는 이연삼 씨가 처음 발견한 곳이라고 해서 '연삼이여, 연삼이여'라고 부르다가 '연세미여'가 되었다고 하네요.

이곳에는 자리돔이 많고, 여러 바다 생물들이 살아가고 있어요. 물속 지형을 따라가다 보면 해송을 만나고 알록달록한 연산호도 만나고, 무엇보다 바위가 웅장해요. 조류가 강한 날에는 들어갈 수 없어요. 조류가 약한 조금(밀물과 썰물 때의 물 높이의 차가 가장 작을 때)에 들어가는 것이 안전하게 구경하기 좋아요. 범섬 근처에서 아름다운 곳으로 손꼽히는 곳이 아닐까 생각해요.

■ '여'는 물속에 잠겨 보이지 않는 바위라는 뜻이에요.

■ 바위에 달라붙어 살아가는 알록달록한 연산호들이 정말 아름다워요.

바위가 줄줄이 이어진 기차바위

범섬 앞에 기차바위라는 스쿠버다이빙 지역이 있어요. 물속에 있는 커다란 암반 지형이 마치 기차처럼 줄줄이 있다고 해서 붙인 이름이지요. 이곳은 조류가 강하고 수심이 깊어서 초보자들이 들어가면 위험해요. 하지만 물속 모습은 제주도에서 제일 멋있다고 할 만큼 아름다워요. 조류가 강하면 산호가 폴립을 활짝 펼치고, 수많은 물고기는 조류를 거슬러 대열을 맞춰요. 그런 멋진 모습을 보고 있으면 물속에서 시간 가는 줄 몰라요.

커다란 암반 지형에는 형형색색의 연산호가 자라고, 그 위를 수많은 자리돔이 헤엄치고 있네요.

■ 기차바위는 형형색색의 연산호가 군락을 이루는 아름다운 곳이에요.

　조류를 따라 이리저리 몸을 맡기면서 기차바위를 지나가요. 산호와 물고기가 어우러진 모습을 구경하다 보면 물 밖으로 나오기가 싫어요. 하지만 스쿠버다이빙은 정해진 시간이 있어 시간에 맞춰 올라가야 해요. 같이 들어간 일행에게 이제 그만 올라가자고 엄지손가락을 치켜세우며 수신호를 했어요. 모두 아쉬운 표정을 지으면서 알았다고 오케이(OK) 사인을 하네요. 물속에서는 말을 할 수가 없어 손으로 신호를 보내면서 대화해요. 물 밖으로 나와 모두 기차바위의 아름다운 모습에 얘기를 나누어요. 서로들 무엇을 봤다고 얘기하고, 조류가 강하지만 재미있었다고 하네요.

■ 산호와 함께 온갖 물고기들이 어우러진 모습이 아름다워 시간 가는 줄도 몰라요.

비양도의 난파선

　제주도 서쪽 한림 앞바다에 자리 잡은 작은 섬이에요. 이곳 비양도 앞바다에는 약 30여 년 전에 부서져 가라앉은 배가 있어요. 철 구조물로 되어 있는 이 배는 수심 10미터의 모랫바닥에 있으며, 초보 다이버들도 쉽게 구경할 수 있어요.

　봄에 이 난파선 주위로 무수히 많은 모자반이 자라는데, 봄에만 볼 수 있는 풍경이에요. 수온이 올라가면서 모자반이 다 녹아서 없어지기 때문이지요. 잠수한 뒤 조금 내려가니까 난파선이 한눈에 들어오네요. 바닷속의 물은 3월과 4월에 제일 차가워요. 봄은 따뜻한 날이지만 바닷속은 한 계절이 늦게 찾아와서 춥네요.

　수면 위로 하늘을 바라보고 있는 모자반들 사이로 들어가 보았어요. 전복이 숨어 있고, 게도 숨어 있고, 그리고 물고기들이 앞에서 도망가기 바쁘네요.

■ 난파선을 에워싸듯 모자반을 비롯한 해조류가 훌쩍 자라 숲을 이루어요.

　모자반 숲속을 한 바퀴 돌고 나와 난파선 주위를 돌아보았어요. 너무 오래되어 배가 많이 녹이 슬어 부서져 형태를 거의 알아볼 수 없어요. 안으로 들어가 보았더니 숨어 있던 문어와 물고기들이 놀랐는지 재빨리 도망가 버리네요. 바닥은 모래로 가득해요. 난파선 주위에는 모자반뿐만 아니라 미역도 많이 자라고 있어요.

　이곳은 작은 물고기들이 살 수 있는 물고기들의 집 같은 곳이에요. 그만큼 작은 물고기들이 숨을 곳이 많고, 낮은 곳에 배가 가라앉아 있어 햇빛도 잘 들어와 물고기와 해조류가 살기 좋은 환경이지요.

　다양한 바다 생물이 살아가는 난파선 구경은 무척 흥미진진해요. 천천히 난파선을 돌아보니 어느새 물 밖으로 나가야 할 시간이 되었군요. 물 밖으로 나오니 멀리서 물질하는 해녀들 모습이 보이네요. 차가운 물속에서 일하는 해녀들을 보면서 다이빙을 마쳤어요.

■ 난파선에서 자라는 해조류와 비양도(아래 오른쪽)

거대한 사발 모양의 분화구 성산일출봉

제주도 동쪽, 서귀포시 성산읍에 자리 잡은 성산일출봉은 아주 유명한 곳이에요. 화산 활동으로 생긴 분화구가 무척 멋진 세계자연유산이자 천연기념물이지요. 일출봉의 분화구까지 올라갈 수 있게 계단을 만들어 놓았어요. 일출봉 너머로 아침 해가 뜨는 모습을 보러 많은 사람이 찾아오기도 해요. 성산일출봉의 바닷속은 어떤 모습일까 궁금해서 다녀왔어요.

일출봉 아래 수심 10~15미터를 내려가면 용암이 흘러서 굳은 계곡 같은 지형이 있고, 절벽으로 이어진 멋진 지형도 있네요. 수심이 낮은 절벽에서 감태가 자라고 있어요. 이곳은 때때로 조류가 강해 잠수하기에 위험할 수도 있어요. 절벽을 따라가다 보니 산호가 보이네요. 문섬처럼 화려한 연산호가 많지 않고, 대신 나뭇가지 같은 가시산호나 진총산호 종류가 많이 보여요.

■ 우리나라에서 가장 아름다운 성산일출봉의 해돋이예요.

■ 성산일출봉 바닷속에는 다양한 해조류와 함께 가시산호나 진총산호가 눈에 띄어요.

섬 속의 섬 우도

성산포에서 배로 10분 정도 가면 우도가 있어요. 소(우牛)가 드러누워 머리를 내민 것처럼 생겼다고 해서 붙인 이름이지요. 날씨가 나쁘면 우도로 가는 배가 다니지 않아 날씨가 좋은 날에 가야 해요.

화창한 어느 날 우도에서 잠수했어요. 동굴이나 계곡 같은 지형이 있어요. 수심이 깊은 곳으로 내려가니 수지맨드라미가 보이네요. 수심이 낮은 곳으로 올라오면 감태, 모자반 같은 해조류가 있어요. 자리돔도 보여요. 바닥은 모래로 되어 있고, 군데군데 큰 돌들도 제법 있어요. 바위 사이를 지나가니 해조류와 함께 자라고 있는 빨간 연산호도 있네요. 다른 지역보다 큰 동굴이 있는 우도에서의 잠수는 서귀포와 달리 흥미롭고 색달랐어요.

■ 수심 30미터 깊은 곳에는 수지맨드라미를 비롯한 여러 연산호를 만날 수 있어요.

위 우도의 수중 동굴은 섬 중심을 향해 곧게 뻗어 있어요.
아래 수심이 얕은 곳에는 감태와 모자반이 어우러져 자라지요.

청보리가 유명한 가파도

해마다 3월과 4월 봄에 가파도의 푸르른 청보리를 마음껏 볼 수 있어요. 우리나라에서 봄이 제일 일찍 찾아오는 가파도는 가오리가 헤엄치는 듯한 모습을 닮아서 붙인 이름이래요. 섬이 낮아 바람이 불면 청보리가 물결처럼 일렁이는 모습이 너무 멋져요. 그런 가파도의 바닷속은 어떤 모습일까 궁금해서 다녀왔어요. 가파도 앞은 수심이 깊고 조류가 강해서 자칫하면 먼바다로 떠내려가요. 그래서 가파도 해녀들도 물질을 할 때는 물 높이의 차가 가장 작은 물때(조금)에 맞춰 작업을 해요.

가파도 앞에 넙개라는 다이빙 지역으로 들어가니 수심 30미터에 온갖 수지맨드라미와 자리돔이 엄청 많이 보이네요. 이렇게 물고기가 많아 낚시꾼들도 가파도를 좋아해요. 천천히 낮은 수심으로 올라오니 수심 5미터에서 해조류가 잘 자라고 있네요. 해조류 사이에 물고기들이 숨어 있어요. 그리 잘 알려지지 않은 가파도 바닷속은 앞으로 더욱더 흥미진진한 모습을 보여 줄 것 같네요. 모슬포의 운진항에서 배를 타고 10분이면 가파도에 갈 수 있지요.

■ 봄바람 소리로 가득한 가파도의 청보리밭이에요.

■ 가파도 바닷속에는 온갖 수지맨드라미와 자리돔, 감태, 해송, 돌돔을 만날 수 있어요.

섶섬의 수중 세상

　자리돔 축제가 열리는 보목항에서 바로 보이는 섶섬은 천연기념물 파초일엽의 자생지라고 해요. 섶섬에 가려면 보목항에서 배를 타면 돼요. 배로 약 5분이면 도착하는 아주 가까이 있는 섬으로, 사람이 살지 않는 무인도이지요. 섶섬 앞은 문섬처럼 화려한 연산호 군락은 없지만 나름대로 매력이 넘쳐요. 이곳에서 수중 카메라를 잃어버렸다가 며칠 만에 겨우 찾은 기억도 있어요.

　섶섬에서 수심이 낮은 곳은 모래로 이루어져 있네요. 섶섬을 왼쪽에 두고 계속 앞으로 나아가 보았어요. 군데군데 커다란 바위들이 있고 가시산호들이 마치 나뭇가지처럼 자라고 있네요. 부채뿔산호도 있고 해송도 보여요. 눈앞으로 수많은 물고기가 왔다 갔다 하고, 쏠배감펭이 산호 사이에 숨어 있어요. 그 뒤로는 멸치 떼도 지나가요. 아름다운 풍경에 잠시 넋이 나간 듯이 구경했어요.

■ 보목항에서 배들이 다이버들을 싣고 섶섬으로 나아가고 있어요.

1 섶섬 바닷속은 문섬처럼 화려하진 않지만 많은 물고기와 연산호가 어우러진 매력 넘치는 곳이에요. 줄도화돔 무리도 보이네요.
2 줄도화돔과 주걱치
3 쏠배감펭

문섬 옆에 작은 새끼섬

제주도 서귀포항에서 남쪽으로 바로 앞에 큰 섬이 하나 보이네요. 서귀포항에서 배로 5~10분이면 갈 수 있는 가까운 섬으로 사람이 살지 않는 무인도예요. 바로 문섬이지요. 천연기념물로 지정될 만큼 문섬 바닷속 풍경이 아름다워요. 옛날부터 이곳에는 모기가 많아서 '모기 문(蚊)' 자를 써서 '문섬'이라 했다고 하지요. 이곳에서 여름에 스쿠버다이빙을 하다 보면 정말로 모기에 많이 물려요. 또 아무것도 자라지 않는 민둥섬이라 '민섬'이라고 부르던 것에서 비롯된 이름이라고도 해요.

세계적으로 연산호가 아름답게 군락을 이루는 곳을 꼽으라고 하면 단연코 문섬이지요. 그 문섬 바로 옆에 작은 섬이 하나 붙어 있어요. '새끼섬'이라고 부르는 섬이에요. 이곳에 해마다 엄청나게 많은 다이버와 낚시꾼이 찾아와요.

■ 문섬 바로 옆에 자리한 새끼섬은 다이버와 낚시꾼들에게 인기가 많아요.

■ 연산호와 어우러진 수많은 물고기가 장관을 이루어요.

문섬의 침몰선

폭풍우 따위를 만나 부서지거나 뒤집힌 배(난파선)가 가라앉은 비양도와 마찬가지로 문섬에도 바다에 가라앉은 배가 있어요. 이 배에 지금은 산호뿐만 아니라 물고기가 참 많아요. 이렇게 바다에 가라앉은 배를 침몰선이라고 해요. 침몰선 하면 금은보화의 보물을 잔뜩 싣고 가다가 바닷속으로 가라앉은 배를 떠올리겠지만, 문섬의 침몰선은 고장이 나서 바다에 가라앉은 것이 아니고 일부러 빠뜨렸기에 보물은 없지만, 이곳에서 살아가는 바다 생물이 가치를 따질 수 없는 보물이지요.

■ 침몰선에 연산호가 자리를 잡고, 많은 물고기가 알을 낳아 보금자리로 삼았어요.

정말 아름답고, 정말 멋진 장소예요.

  수심이 35~40미터로 깊어 아무나 함부로 갈 수가 없어요. 가끔 시야가 좋은 날에는 침몰선이 한눈에 보여요. 그런 날에는 우리는 물속에서 소리를 쳐요. "와우, 와우~" 하면서 말이지요. 너무 깊어서 아무나 갈 수 없기에 이곳의 아름다운 모습이 더 오랫동안 간직되는 것 같아요.

■ 녹슨 침몰선과 연산호가 어우러진 모습이 무척 아름다워요.

■ 침몰선을 따라 형형색색의 연산호와 노랑자리돔, 쏠배감펭을 비롯한 많은 물고기가 헤엄치고 있어요.

■ 침몰선에 쑥쑥 자란 연산호가 군락을 이룬 모습과 무리 지어 헤엄치는 물고기들이 더할 나위 없이 아름다워요.

문섬의 잠수함

문섬에는 바닷속을 구경할 수 있는 잠수함이 있어요. 관광객을 태우고 물속을 다니면서 물고기와 산호를 구경시켜 주지요. 문섬의 잠수함은 1988년부터 다니기 시작했어요. 한때 잠수함이 암반에 붙어 있는 산호들을 파괴한다고 해서 운행이 중지되기도 했어요. 그 뒤로 산호를 파괴하지 않는 조건으로 다시 운행을 시작했지요. 잠수함이 암반에 너무 가까이 다가가다가 자칫 산호들을 건드리면 죽고 말아요. 아름다운 산호가 자라는 데 몇 년의 시간이 걸리지만 파괴되는 것은 한순간이지요. 자연을 보호하고 지키려면 항상 조심하고 노력해야 해요.

다이빙하는데 잠수함이 옆으로 지나가네요. 잠수함 주위로 수많은 물고기가 에워싸듯 헤엄쳐요.

■ 잠수함이 아슬아슬 연산호 군락을 지나가고 있어요.

잠수함 안에 있는 관광객이 우리를 보고 손을 흔들어요. 우리도 같이 손을 흔들어 줘요. 마치 우리를 동물원의 원숭이처럼 신기하다는 듯이 쳐다보네요. 큰 소리로 '윙윙'거리면서 잠수함이 지나가고 나니 물이 뿌옇게 탁해졌어요. 다시 잠수함이 돌아오네요. 이번에는 잠수함 옆에 있는 조명이 켜지자 산호와 물고기들의 색이 더 예쁘게 보여요. 잠수함은 수심 40미터까지 내려갔다 올라가요. 물속 수심 40미터는 엄청 깊은 수심이에요. 우리가 헤엄쳐 들어갈 수 없는 깊이를 잠수함을 타고 쉽게 들어가서 재미있게 구경할 수 있지만, 연산호 군락이 훼손되지 않을까 걱정되긴 해요.

■ 잠수함 옆의 조명이 켜지자 연산호가 더욱 아름다운 모습을 뽐내고 있어요.

아름다운 문섬의 모습 (1)

　제주도 문섬 바닷속은 우리나라에서 제일 화려해요. 그리고 제가 제일 좋아하는 바다이지요. 문섬에는 화려한 색상의 산호들이 가득해요. 전 세계에서 문섬처럼 아름다운 연산호가 있는 곳은 많지 않아요. 그만큼 문섬의 바닷속 환경은 그 어느 바다에도 뒤처지지 않다고 해요.

　문섬의 한개창은 황색의 암반으로 된 작은 갯머리(바닷물이 드나드는 곳의 어귀)라는 뜻이래요. 원래는 황개창이라고 했는데 언제부터인지 다이버들 사이에서는 한개창으로 불러요. 이곳은 움푹 파인 지형이라 물에 들어갔다 나오기가 편해서 문섬에서 다이빙한다고 하면 이곳을 가리키지요.

■ 왼쪽 작은 섬이 새끼섬, 오른쪽 큰 섬이 문섬이에요.

연산호 뒤로 물고기들이 지나가요. 줄도화돔이네요. 빨간 연산호와 분홍빛 줄도화돔 무리가 너무 아름다워요. 문섬 옆의 직벽으로는 주걱치 떼가 스쳐 가요. 손으로 잡을 수 있을 것처럼 바로 앞으로 스쳐 가서 손을 내밀어 보았어요. 순식간에 도망가는 물고기들이 정말 빠르게 헤엄치네요.

■ 문섬의 한개창이에요. 개창이란 바닷물이 드나드는 곳의 어귀를 가리키는 갯머리의 제주도 사투리라고 해요.

■ 분홍빛 줄도화돔 무리와 화려한 수지맨드라미가 어우러져 아름다움을 뽐내요.

아름다운 문섬의 모습 (2)

　문섬 앞에는 '불턱'이라고 부르는 다이빙 지역이 있어요. 불턱은 해녀들이 물질을 하러 가기 전에 모여서 추울 때는 불을 쬐고, 옹기종기 앉아서 얘기도 나누면서 잠깐 쉬는 공간을 이야기해요. 이곳이 마치 그런 불턱처럼 다이버들이 옹기종기 모여서 물속 세상을 구경하는 것 같아서 우리끼리 그렇게 불러요. 저는 이곳을 너무 좋아해요. 매번 들어갈 때마다 그 느낌이 다르거든요. 마치 새로운 세계를 탐험하는 기분이 드네요. 화려한 산호와 수많은 물고기가 언제나 다이버를 반겨 줘요. "어서 오세요. 즐겁게 다이빙하고 가세요~!" 이렇게 인사를 하는 것처럼 말이에요.

■ 온갖 연산호가 모여 있는 이곳에 수많은 물고기들이 다이버를 반겨 주네요.

■ 자리돔과 주걱치 무리가 연산호를 에워싸듯 헤엄치고 있어요.

아름다운 문섬의 모습 (3)

이런, 이번에는 물속의 시야가 나쁘네요. 모처럼 멋진 바다를 기대하고 들어갔는데 물속의 시야가 안 좋아요. 시야가 나쁘다는 것은 사물이 잘 보이지 않고 물 색이 파랗지 않다는 뜻이에요. 시야가 나쁘면 사진을 찍어도 물 색이 녹색으로 찍히거나 부유물이 많이 찍혀서 좀 지저분해져요. 그래도 열심히 사진을 찍어 보아요. 물속에 들어가는 것만으로도 재미가 느껴지니까요. 시야가 나빠도 이렇게 아름다운 바닷속을 들어갈 수 있다는 것은 큰 행복이에요.

연산호 사이에서 쏠배감펭이 나오네요. 지느러미 가시에 독이 있는 물고기라서 절대로 건드려선 안 돼요. 조심스럽게 사진을 찍고 나니 이번에는 자리돔 떼가 지나가요. 물속에서 물고기들을 보고 있으니까 제가 마치 거대한 수족관(아쿠아리움) 속에 들어가 있는 기분이 드네요.

■ 물 색이 녹색을 띠는 것은 물속의 시야가 좋지 않은 것을 뜻해요.

■ 연산호 틈에서 쏠배감펭이 짠 하고 나타났어요. 물속의 시야가 나빠도 아홉동가리를 비롯한 물고기들은 여전히 바빠요.

아름다운 문섬의 모습 (4)

비가 내려 물속이 너무 어두워요. 빛이 없으니 더 어두운 것 같아요. 그래도 산호는 여전히 아름답고 물고기들은 정신없이 왔다 갔다 하네요. 범돔들이 눈앞에서 헤엄을 치고 있어요. 노란색에 검은색 줄무늬가 있는 범돔은 색상이 진해서 눈에 무척 잘 띄어요. 범돔은 항상 무리 지어 다니기 때문에 쓸쓸해 보이지 않네요. 자리돔들이 어디론가 이동해요. 자리돔도 혼자 다니지 않고 항상 수십 마리에서 수백 마리가 무리 지어 다니지요. 물속에서 이렇게 물고기들이 무리 지어 다니는 모습을 쳐다보고 있으면 시간이 가는 줄도 몰라요. 하지만 잠수 시간은 한정되어 있으니, 아쉽지만 올라와야 해요. 다음에 다시 물고기들을 구경하러 와야겠네요.

■ 노란색 몸에 검은색 줄무늬가 더욱 산뜻한 범돔들이 무리 짓는 모습이 평화로워요.

■ 문섬은 아름다운 연산호 군락이 자랑이고, 상징이지요. 사진 속의 연산호는 밤수지맨드라미예요.

아름다운 문섬의 모습 (5)

문섬 옆 직벽을 따라서 천천히 이동해요. 많은 물고기와 만나고 산호들을 쳐다보면서 지나가다 보니 아주 작은 베도라치가 보이네요. 구멍 안에 들어가서 얼굴만 내밀고 있어요. 사진을 몇 장 찍어 봤어요. 이번에는 호박돔이 쳐다보네요. 호박돔은 다이버들 옆에서 자주 기웃거려요. 먹이를 달라는 몸짓이지요. 다이버가 어쩌다가 소라를 깨어서 주면 강아지가 먹이를 받아먹는 것처럼 호박돔이 달려들어서 소라를 먹어요.

■ 호박돔도 나들이 나왔네요. 뭐가 궁금한지 고개를 빼꼼히 내민 얼룩비늘베도라치는 '보케'로 꾸며 보았어요.

 그렇게 가까이 왔을 때 손으로 만져 보려고 했더니 금방 도망가네요. 물속에서는 절대로 맨손으로 물고기를 잡을 수 없어요. 우리가 생각했던 것보다 훨씬 빠르거든요.

 문섬의 연산호는 정말 화려하네요. 산호와 함께 어울리는 물고기도 무척 아름다워요. 이 세상 어디에서도 이렇게 아름다운 모습을 쉽게 볼 수는 없을 거예요. 문섬의 바닷속을 구경했던 사람들은 그 모습을 잊을 수가 없어서 다시 찾아오곤 한대요.

■ 천연기념물이자 유네스코 생물 보전권 지역으로 선정된 문섬은 우리 모두가 지켜 나가야겠지요.

물속에서 만난 다이버들

잠수하다 보니 옆에 다른 다이버들이 있네요. 이 사람들도 다이빙을 하고 있어요. 다이버가 다가오면서 손을 흔들어 주네요. 모르는 사람이지만 물속에서 만나면 모두가 반가워요. 서로 처음 보는 사이지만 마주치면 함께 손을 흔들면서 인사를 하지요. "안전하게 즐거운 다이빙 하세요"라고 얘기하는 것처럼 말이에요. 저 멀리 다이버가 지나가네요. 손에는 수중 랜턴을 들고 있어요. 멀리 있을 때는 손짓으로 하는 수신호를 알아볼 수 없어 수중 랜턴을 흔들면서 신호를 보내요.

■ 물속에서 다이버들을 만나면 모르는 사이라도 반가워요.

하지만 가까이 있는 사람에게 수중 랜턴으로 얼굴을 비추는 것은 실례예요. 랜턴 불빛에 눈이 부시기 때문이지요. 양쪽 벽면이 산호로 가득한 계곡 같은 곳에서도 다이버가 나오네요. 저를 쳐다보고 있어 기념으로 사진 한 장 찍어 줬어요. 나중에 이 사진을 받으면 웃으면서 고마워하겠지요?

■ "안전하게 즐거운 다이빙하세요."

바닷속의 화려한 색상

바닷속에는 다양한 색이 있어요. 우리가 미처 알지 못하는 알록달록한 색들이지요. 특히 산호의 색이 무척 화려하다는 것을 아는 사람은 그리 많지 않아요. 바닷속을 들어가 보지 않았으니 산호의 색깔이 어떤지 잘 모르지요.

바닷속 사진을 본 사람들은 깜짝깜짝 놀래요. 바닷속의 색이 화려하다는 것과 여러 가지 색깔이 있다는 것에 대해서요. 빨간색, 분홍색, 주황색, 노란색, 녹색, 흰색, 검은색 등등……. 그리고 수면의 파란색까지 정말 다양한 색들이 있어요. 바닷속의 무지개색을 찾아서 우리 모두 구경하러 가 보자고요!

■ 노란색에 검은색 줄무늬의 범돔, 분홍색 산호 속의 개오지붙이(동그라미 친 부분), 분홍색과 주황색 산호 그리고 파란색 물 색, 산호의 노란색 폴립이 어우러져 화려함을 이루지요.

빛이 있을 때와 없을 때

사진을 찍는데 스트로브가 터지지 않아 사진이 아주 검게 나오네요. 다시 찍었는데 이번에는 스트로브가 제대로 터졌어요. 스트로브는 스트로브 라이트(strobe light)의 줄임말이에요. 짧은 시간에 강한 빛을 내는 장치이지요. 카메라 플래시도 스트로브의 일종이며, 물속에서 사용할 수 있는 수중용 플래시가 따로 있어요.

빛이 있을 때와 없을 때의 차이가 너무 크네요. 사진들을 보고 있으면 차이점을 확실하게 느낄 수 있지요. 빛이 있어 산호의 빨간색, 노란색 그리고 물고기들의 알록달록한 색깔이 선명하게 찍혔네요. 반대로 빛이 없어 무엇을 찍었는지 잘 모르겠어요. 물속에서는 빛이 없이 사진을 찍으면 마치 밤에 사진을 찍은 것처럼 어둡게만 나와요. 사진을 찍을 때 빛이 얼마나 중요한지 알겠지요? 그리고 맨눈으로 바닷속 경치를 구경할 때도 빛이 중요해요. 그래서 낮에도 물속에서는 각자 수중랜턴을 지니고 다녀요.

■ 스트로브 빛이 있을 때(왼쪽)와 없을 때(오른쪽)

자연광과 인공광

하늘에 있는 태양 빛, 반딧불이가 내는 빛, 물에 반사되는 윤슬 같은 것을 자연광이라 하고 스트로브, 랜턴, 가로등처럼 인위적으로 빛을 내는 것을 인공광이라고 해요. 태양의 자연광은 수심 100미터 정도에 이르면 빛이 들어오지 않아 깜깜한 암흑이에요. 인공광은 우리가 만들어 낸 빛이라 수중에서 원래의 색깔을 볼 수 있어요.

물속에서는 사람의 눈으로 볼 수 있는 빛인 가시광선 '빨주노초파남보'의 순서대로 색깔이 없어져요. 빨간색이 제일 먼저 없어지기 때문에 인공광으로 산호를 비추면 산호의 빨간색이 선명하게 보이지요. 그래서 인공광 없이 수심 30미터 정도만 내려가면 모든 색이 푸르스름하게 보라색으로 보여요.

■ 자연광으로 찍은 사진

　사진 찍을 때에는 빛이 중요해요. 빛이 없으면 사진이 푸르스름하게 찍히기 때문에 인공광을 이용해서 선명한 색을 만들지요. 수심 10미터 정도까지는 알록달록한 색깔들이 자연광으로 관찰되지만 그 이상 내려가면 스트로브라는 인공광을 사용해서 사진을 찍어요. 그리고 동굴 같은 어두운 곳을 들어갈 때는 인공광이 꼭 필요해요. 육상에서도 빛이 닿지 않는 곳(그림자 부분)을 사진으로 찍을 때 인공광이 필요하지요. 인공광이 없으면 그림자 부분이 검은색으로 나와요. 이제 자연광과 인공광의 차이점을 알겠지요?

■ 인공광으로 찍은 사진

위 자연광으로 찍은 사진
아래 인공광으로 찍은 사진

위 자연광으로 찍은 사진
아래 인공광으로 찍은 사진

접사의 세계

바닷속에는 아주아주 작은 생물들이 많이 살고 있어요. 그렇게 작은 생물의 사진을 찍는 것을 접사 촬영(마크로포토그래피macrophotography)이라고 해요. 마크로 또는 마이크로(micro)는 아주 작은 것을 뜻하지요. 참고로 현미경은 마이크로스코프(microscope, 아주 작은 것을 샅샅이 살피다)라고 해요.

보통 크기가 1~2밀리미터의 작은 생물도 있고 그보다 조금 큰 생물들도 있어요. 산호나 해면 속에 숨어 있는 새우와 게를 비롯해 너무 작아서 눈으로 잘 안 보이는 갯민숭달팽이도 있지요. 이렇게 작은 생물은 그냥 촬영할 수 없어서 렌즈 앞에 돋보기를 붙여 더 크게 확대해서 촬영해요. 돋보기를 대고 사진을 찍다니, 얼마나 작은지 상상이 가나요? 작은 생물을 보고 싶으면 차분하게 살펴봐야 해요. 너무 작아서 그냥 지나치는 경우가 종종 있기 때문이지요.

■ 접사로 찍은 크기가 0.5~1센티미터인 새우

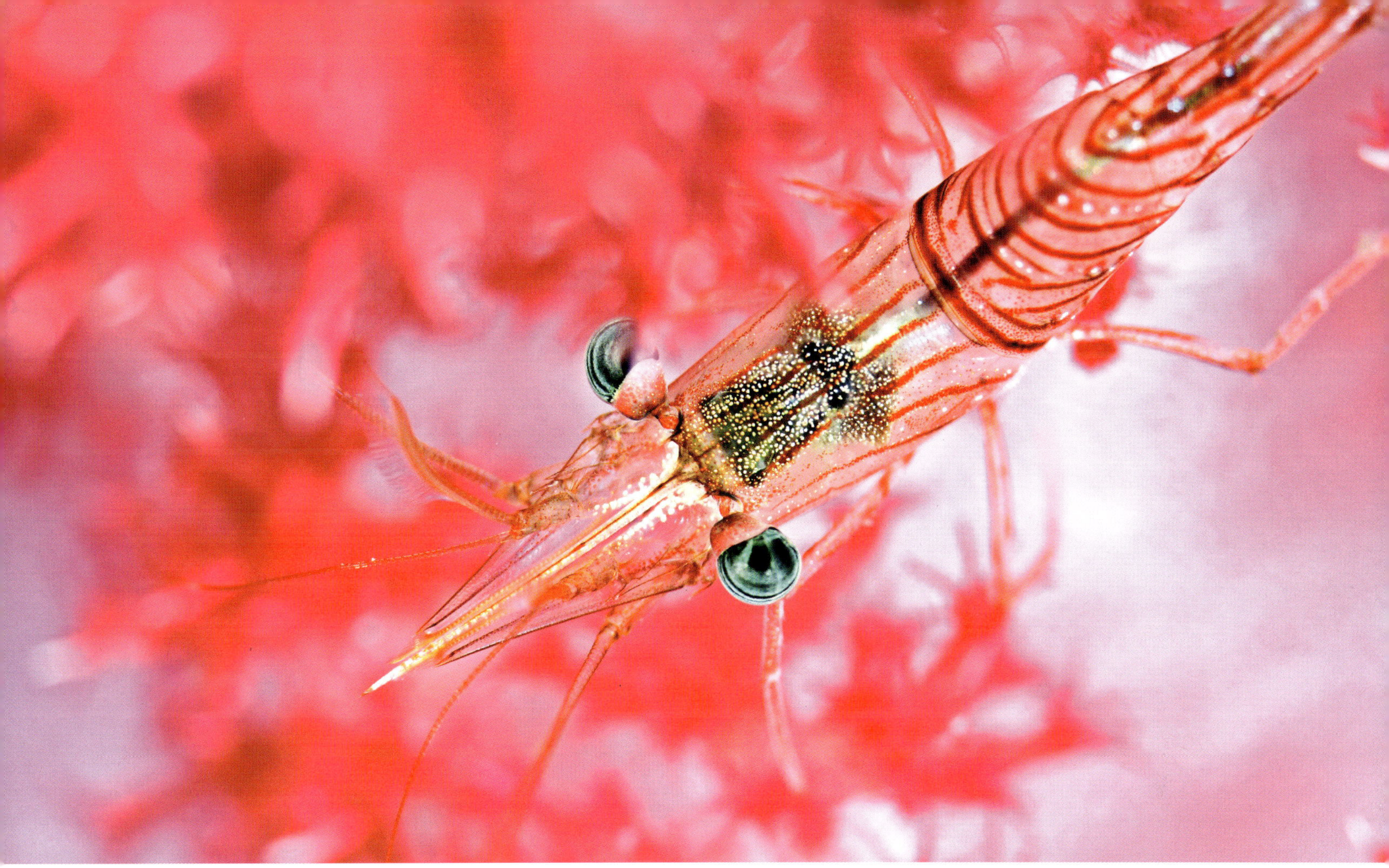

위 크기가 2~3센티미터인 새우
아래 크기가 5밀리미터인 수지맨드라미 속의 게

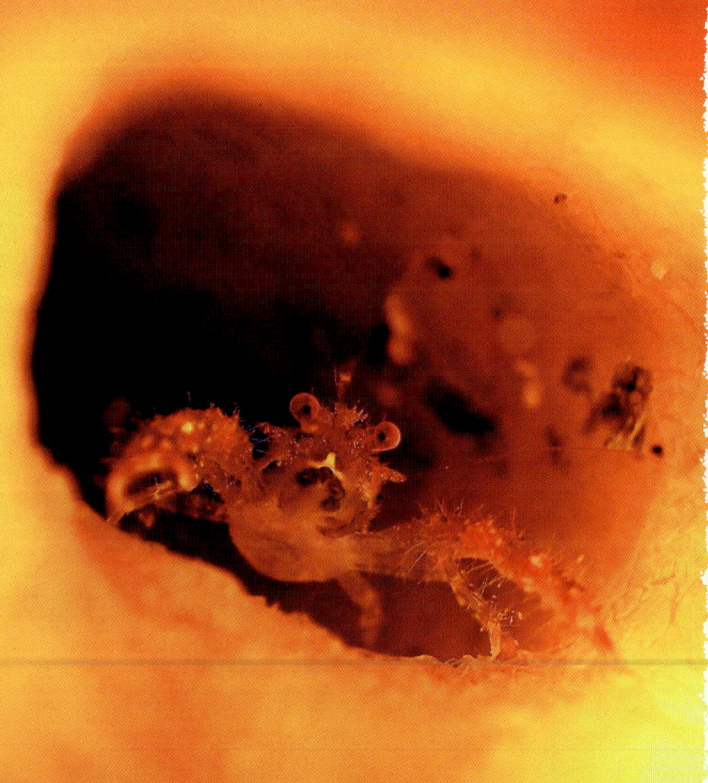

1	
2	3

1 크기가 3~5밀리미터인 수지맨드라미 속의 게
2 크기가 5~7밀리미터인 해면 속의 게
3 크기가 2~3센티미터인 해면 속의 물고기

1 크기가 3~5밀리미터인 토끼고둥
2 크기가 약 3밀리미터인 새우
3 크기가 3밀리미터인 갑각류

바다 쓰레기

바닷속에는 엄청나게 다양한 쓰레기들이 있어요. 냉장고, 자전거, 폐타이어, 플라스틱 페트병, 비닐봉지, 낚시에 쓰였던 납덩어리, 맥주 캔, 마스크 등등 우리가 상상하는 이상으로 여러 가지 쓰레기가 너무나 많아요. 그 많은 쓰레기가 썩지도 않고 물을 오염시키면서 바닷속에서 쌓여 가고 있어요. 그 가운데 밧줄과 폐그물이 가장 많이 보였어요. 쓰레기는 줍기에 앞서 버리지 말아야 해요!

기후변화로 많은 바다 생물이 사라지고, 쓰레기로 병든 바다에 물고기들이 사라지고 있어요. 해녀들은 예전만큼 해산물을 많이 캘 수 없다고 하지만, 이것은 인간들이 오래전부터 잘못했기 때문이 아닐까요? 가끔 바다 생물, 특히 거북이 바닷속에 버려진 비닐봉지를 해파리로 잘못 알고 먹다가 질식해서 죽기도 하지요. 거북이 죽었다는 뉴스를 보면 미안하고 안타깝기만 해요.

■ 바닷속 암반 위에 페트병, 캔, 플라스틱 용기, 폐그물이 어지럽게 널려 있어요. 자잘한 플라스틱 조각도 보이네요.

1 다이버가 바닷속에 널려 있는 폐그물과 쓰레기를 모아 건져 올리고 있어요.
2 바닷속에서 건져 올린 쓰레기들이 쌓여 있어요.
3 바다 생물들이 바닷속 비닐봉지를 해파리로 착각하여 먹다가 숨이 막혀 죽기도 해요.

해송을 죽이는 담홍말미잘

　해송에 무언가 붙어 있어요. 작은 왕관 모양의 흰색 촉수들이 나풀거리네요. 다가가서 자세히 보니까 담홍말미잘이에요. 해송은 천연기념물로 환경부에서 지정한 멸종위기 야생생물 2급이에요. 그런데 이 담홍말미잘이 해송에 붙어 해송의 성장을 방해해서 해송이 죽는다고 하네요. 그러니까 담홍말미잘은 바다 생태계에 해를 끼치는 바다 생물이에요. 이런 바다 생물을 '유해종'이라고 하지요. 겉으로 보기에는 화려하고 멋있는 담홍말미잘 때문에 해송이 죽는다고 생각하니 안타깝네요.

　이날은 조류가 있었어요. 담홍말미잘 역시 먹이 활동을 하려고 조류를 따라 촉수를 활짝 펼치고 나풀거리는 것이 무척이나 바빠 보이네요. 이렇게 해송에 붙어서 살아가다가 그 해송이 죽어 버리면 또 다른 해송을 찾아가 살아가지요.

　담홍말미잘이 늘어나는 이유는 기후변화 때문이라고 해요. 기후변화로 소중한 산호(해송)도 같이 사라지는 것이 아닌가 걱정되네요. 앞으로 더 오랜 시간이 지나면 어쩌면 해송을 볼 수 없을지도 몰라요. 자연을 보호하기 위해 우리가 꾸준히 노력하고 실천하는 생활이 필요한 이유예요.

■ 담홍말미잘은 몸통에 검은색 점이 흩어져 있고 촉수는 100개가 넘어요. 무리 지어 산호 가지에 기생하며 살아요.

■ 담홍말미잘들이 달라붙은 연산호나 해송은
제대로 영양을 공급받지 못해 말라 죽고 말지요.

인공어초의 폐그물 제거 작전

바닷속에 일부러 빠뜨려 놓은 인공 구조물을 '인공어초'라고 했지요? 여기에는 물고기도 살고, 산호도 살고, 아주 많은 바다 생물이 살고 있어요. 강원도 동해 바다에는 인공어초가 많지만 제주 바다에는 인공어초가 그렇게 많지는 않아요.

섶섬, 서귀포 정방폭포 앞, 성산포, 범섬, 비양도, 박수기정 앞바다 등등에 아주 오래전 물고기들이 모여 살라고 인공어초를 설치했지요. 세월이 흐르면서 인공어초에 많은 고착 생물이 살고 있어요. 그중에서 산호 모습은 정말 멋있지요. 물고기들은 산호 사이에 숨거나 인공어초 안쪽에 숨어서 살아가고 있어요.

이러한 인공어초에 폐그물이 걸려 뒤엉키면 물고기들이 살아가기 힘들거나 잠수하는 다이버들이 위험해요. 그래서 인공어초에 있는 폐그물을 제거하는 중이에요. 그물이 무척 커서 혼자서는 하지 못해 여러 사람이 힘을 합쳐서 함께 제거하고 있네요. 이렇게 버려진 그물을 건져 올릴 때는 엉키지 않게 조심해야 해요. 자칫 그물에 걸리면 매우 위험하거든요. 버려진 폐그물을 건지고 나니 기분이 뿌듯하고 좋아요.

■ 인공어초 근처에 버려진 그물이 있어요.

■ 버려진 그물에 걸려 뒤엉키면 물고기나 다이버가 위험해요. 다이버 몇 명이 폐그물을 모아 건져 올리고 있어요.

바다숲 해중림과 바다식목일

바닷속에 해조류가 숲을 이룬 모습을 해중림(海中林), 곧 바다숲이라고 해요. 육지에만 숲이 있는 것이 아니라 바다에도 숲이 있지요. 그 바다숲에는 물고기들이 많이 살고 모자반, 미역, 감태, 대황, 우뭇가사리, 파래, 청각 등등 여러 종류의 해조류가 함께 살아가고 있어요. 바닥에는 소라, 전복, 문어, 새우 등등의 바다 생물이 숨어 있네요.

기후변화의 위기로 우리의 바다에서 바다숲이 점점 사라져 가고 있어요. 그래서 바닷속에 해조류를 직접 심기도 해요. 이렇게 해조류를 심는 날을 '바다식목일'이라고 하지요.

■ 무성하게 숲을 이룬 바다숲에서 자리돔이 한가로이 노닐고 있어요.

바다식목일에는 치어(어린 물고기)들을 바다에 놓아 주기도 해요. 해양수산부에서는 바다 생태계의 중요성과 바다의 심각한 오염 문제를 알리기 위해 2012년부터 5월 10일을 바다식목일로 정해 해마다 바다 생태계를 살리기 위해 다양한 행사를 펼치고 있어요.

■ 바닷속 암반에 갈조류인 감태가 자라고 있어요.

■ 바다숲은 수많은 바다 생물의 서식처이자 건강한 바다 생태계를 유지하는 데 매우 중요한 역할을 해요.

■ 바다숲은 바닷물을 깨끗하게 할 뿐만 아니라 이산화탄소를 흡수하고 산소를 공급하여 지구 온난화를 늦추는 데에도 도움을 주지요.

찾아보기 (바다 생물을 중심으로 실었으며, 각 개체가 소개된 대표 쪽수를 기준으로 정리했습니다.)

ㄱ

가시두루마리고둥(총알고둥목/ 개오지붙이과) 122
가시복(복어목/ 가시복과) 74
가시산호(해계두목/ 가시산호과) 181
가시수지맨드라미(해계두목/ 곤봉바다맨드라미과) 14
감태(다시마목/ 감태과) 169
개오지붙이(총알고둥목/ 개오지붙이과) 114
갯민숭달팽이(나새목/ 갯민숭달팽이과) 126
금강바리(농어목/ 바리과) 66
금빛나팔돌산호(돌산호목/ 나무돌산호과) 12
긴꼬리갯민숭이(나새목/ 갯민숭달팽이과) 126
끄덕새우(십각목/ 끄덕새우과) 108

ㄴ

남방큰돌고래(고래목/ 돌고래과) 88
노랑가시돔(농어목/ 가시돔과) 95
노랑거북복(복어목/ 거북복과) 76
노랑자리돔(농어목/ 자리돔과) 36
노무라입깃해파리(근구해파리목/ 근구해파리과) 98

ㄷ

달고기(달고기목/ 달고기과) 78
담홍말미잘(해변말미잘목/ 담홍말미잘과) 224
두동가리돔(농어목/ 나비고기과) 38
두루마리고둥(총알고둥목/ 개오지붙이과) 120
두줄베도라치(농어목/ 청베도라치과) 52
둥근컵산호(혜계두목/ 총산호과) 13

ㅁ

말미잘(해변말미잘목/ 말미잘과) 106
망사갯민숭달팽이(나새목/ 갯민숭달팽이과) 129
멸치(청어목/ 멸치과) 86
모자반(말목/ 모자반과) 136
무늬가시돔(농어목/ 가시돔과) 95
문어(문어목/ 문어과) 132
민가시산호(해계두목/ 가시산호과) 15

ㅂ

범돔(농어목/ 황줄껌정이과) 50
분홍반점개오지붙이(총알고둥목/ 개오지붙이과) 116
불꽃갯민숭이(나새목/ 불꽃갯민숭이과) 126
빨강꼭지도롱이갯민숭이(나새목/ 고리꼭지도롱이갯민숭이과) 127
뿔소라(신복족목/ 뿔소라과) 124

ㅅ

세동가리돔(농어목/ 나비고기과) 40
소라게(십각목/ 집게과) 112
수지맨드라미(해계두목/ 곤봉바다맨드라미과) 20

ㅅ

스퀘트 쉬림프(십각목/ 징어미새우과) 110
쏠배감펭(쏨뱅이목/ 양볼락과) 82
쏠종개(메기목/ 쏠종개과) 80
씬뱅이(아귀목/ 씬뱅이과) 84

ㅇ

아홉동가리(농어목/ 다동가리과) 44
어렝놀래기(농어목/ 놀래기과) 105
얼룩비늘베도라치(농어목/ 비늘베도라치과) 56
여왕갯민숭달팽이(나새목/ 수지갯민숭달팽이과) 127
연무자리돔(농어목/ 자리돔과) 26
유령새우(십각목/ 징어미새우과) 110
유리망둑(농어목/ 망둑어과) 58
육동가리돔(농어목/ 황줄돔과) 42

ㅈ

자리돔(농어목/ 자리돔과) 26
잘린두루마리고둥(총알고둥목/ 개오지붙이과) 120
저울베도라치(농어목/ 청베도라치과) 54
전갱이(농어목/ 전갱이과) 68
점감펭(쏨뱅이목/ 양볼락과) 99
주걱치(농어목/ 주걱치과) 62
줄도화돔(농어목/ 동갈돔과) 46
진총산호(해계두목/ 총산호과) 13

ㅊ

청줄돔(농어목/ 청줄돔과) 48
청줄청소놀래기(농어목/ 놀래기과) 72
청황문절(농어목/ 청황문절과) 70

ㅍ

파란고리문어(문어목/ 문어과) 130
파랑갯민숭달팽이(나새목/ 갯민숭달팽이과) 129
파랑돔(농어목/ 자리돔과) 34

ㅎ

해송(각산호목/ 해송과) 22
호랑이무늬토끼고둥(총알고둥목/ 개오지붙이과) 118
호박돔(농어목/ 놀래기과) 60
혹등반점개오지붙이(총알고둥목/ 개오지붙이과) 117
황안어(농어목/ 주걱치과) 64
흑고리갯민숭달팽이(나새목/ 갯민숭달팽이과) 128
흰갯민숭달팽이(나새목/ 갯민숭달팽이과) 128
흰동가리(농어목/ 자리돔과) 30